DES
COMBUSTIBLES
MINÉRAUX,

D'APRÈS UN OUVRAGE ALLEMAND

DE M. KARSTEN ;

EXTRAIT

PAR A. M. HÉRON DE VILLEFOSSE,

CONSEILLER D'ÉTAT,
INSPECTEUR DIVISIONNAIRE AU CORPS ROYAL DES MINES DE FRANCE,
MEMBRE DE L'ACADÉMIE ROYALE DES SCIENCES, ETC.

Lu à l'Académie, le 14 Août 1826.

PARIS,

IMPRIMERIE DE Mme. HUZARD (NÉE VALLAT LA CHAPELLE),
Rue de l'Eperon Saint-André des Arts, n°. 7.

1826.

(Extrait des *Annales des Mines*, t. XIII, an. 1826.)

DES COMBUSTIBLES MINÉRAUX, ETC.,

D'APRÈS UN OUVRAGE ALLEMAND DE M. KARSTEN;

EXTRAIT

PAR A. M. HÉRON DE VILLEFOSSE,

Conseiller d'État, Inspecteur divisionnaire au Corps royal des Mines de France, Membre de l'Académie royale des Sciences, etc.

Lu à l'Académie, le 14 Août 1826.

L'ACADÉMIE m'a chargé de lui rendre compte d'un ouvrage allemand de M. Karsten, Membre du Conseil général des Mines dans le Royaume de Prusse, et de l'Académie royale des sciences de Berlin, etc. Cet ouvrage a pour titre : *Untersuchungen über die Kohligen Substanzen des Mineralreichs überhaupt, und über die Zusammensetzung der in der Preussischen Monarchie vorkommenden Steinkohlen in'sbesondere* (Berlin, 1826, volume in-8°. de 244 pages), ce qui veut dire : *Recherches sur les substances charbonneuses du règne minéral, et particulièrement sur la composition des houilles que présentent les mines de la Monarchie Prussienne.*

A l'époque où nous vivons, lorsque chaque jour la pratique des arts sollicite et met à profit le secours des sciences, il est sans doute intéressant, il devient même nécessaire, d'étudier à fond la nature intime et les divers effets de la houille, communément nommée *Charbon de terre*. Le nom seul de ce combustible rappelle de grands travaux souterrains, un puissant moteur, l'activité de vastes ateliers, et la force d'une nation qui la première sut employer la houille, d'une nation qui sans la houille ne saurait plus exister.

A l'imitation de l'Angleterre, la France d'abord, et la Prusse un peu plus tard, commencèrent, il y a quarante ans environ, à faire usage de la houille pour la fusion du minerai de fer; mais le succès des procédés anglais ne fut pas le même alors chez les deux peuples qui les imitaient. En Prusse, plusieurs grands établissemens furent fondés, dans la Silésie; depuis ce temps, ils y prospèrent. En France, une seule usine fut établie, dans la Bourgogne; le luxe des constructions, joint à d'autres fautes encore, s'opposa au succès de l'entreprise.

C'est depuis quelques années seulement, que la France, enfin paisible, a vu se répandre dans ses nombreux ateliers d'industrie la pratique de ces procédés anglais, que dès long-temps les savans français y appelaient par leurs vœux et par leurs conseils; mais déjà l'emploi de la houille est devenu, pour ainsi dire, populaire en France, heureux présage d'un nouveau genre de succès pour notre belle patrie! Ce n'est donc pas le minéralogiste seul ou le chimiste, qu'une étude approfondie de la houille peut et doit intéresser aujourd'hui : c'est pour toutes les branches d'industrie, qu'il importe à la France de bien connaître les combustibles minéraux que son territoire possède en abondance.

Ces considérations suffisaient pour m'entraîner à développer l'extrait d'un ouvrage allemand dont l'auteur est un savant expérimenté. Comme d'ailleurs on m'a témoigné le désir de répandre, en France, par les *Annales des Mines*, une connaissance exacte des recherches de M. Karsten, j'ai fait une traduction abrégée de son ouvrage, dans l'espoir de remplir ainsi deux devoirs en une fois. Cette occasion de faciliter nos communications avec l'Allemagne, où prospère l'exploitation des mines, m'a paru d'autant plus favorable, que les combustibles minéraux, tant bruts que carbonisés, ou convertis en coke, dont parle M. Karsten, au sujet de la Monarchie Prussienne, se trouvent en nature dans ma collection particulière, ainsi que dans la collection de l'École royale des Mines de France, où j'eus soin de les envoyer pendant mon séjour en Prusse. Tels sont les motifs qui pourront excuser la longueur de cet extrait.

Si l'on voulait donner en peu de mots une idée du travail de M. Karsten, on pourrait s'exprimer ainsi qu'il suit : l'auteur, après avoir exposé des considérations générales sur les combustibles, soit végétaux, soit minéraux, les a soumis à des expériences comparatives, tant par la carbonisation, que par l'analyse chimique. Ayant ainsi déterminé la composition de ces substances, l'auteur en déduit l'explication des différens aspects que présentent les divers résidus en charbon ; il en conclut les différentes propriétés de ces combustibles pour la pratique des arts. Il indique les moyens de deviner, pour ainsi dire, au seul aspect d'une houille, quelle en est la composition, et par conséquent de prévoir quels peuvent en être les usages, sauf à recourir à la carbonisation, mais seulement dans certains cas. Ensuite, aux résultats de ses expériences fondamentales, M. Karsten compare ceux qu'il a obtenus en soumettant à la carbonisation la houille qui provient de chacune des nombreuses mines de la Prusse. Par ce moyen, l'auteur établit pour chacune des mines de sa patrie, que la houille qu'elle fournit est analogue, par sa composition et par ses propriétés, à quelqu'un des combustibles pris pour exemples dans ses premières expériences. Ainsi, par un petit nombre d'analyses chimiques faites avec grand soin, l'auteur offre à toutes les contrées où l'on exploite des combustibles minéraux, la facilité de les juger tous pour ainsi dire sommairement, d'en prévoir les divers effets, soit d'un coup-d'œil, soit par une simple carbonisation, d'en éclairer le choix et d'en régler l'usage dans les arts. Passons maintenant aux détails que ce premier aperçu nous semble exiger. Nous les diviserons en trois parties, qui seront intitulées :

1°. Recherches préliminaires et considérations générales sur les combustibles ;

2°. Examen chimique des combustibles minéraux.

3°. Application des principes exposés, aux mines de houille de la Prusse, et coup-d'œil sur celles de la France.

1°. *Recherches préliminaires et considérations générales sur les combustibles.*

Quelques savans ont prétendu que la houille constituait une formation de roche proprement dite. On a même révoqué en doute l'origine végétale de ce combustible. Une connaissance plus exacte de la nature des combinaisons organiques, avantage qui est dû aux progrès de la chimie, ne permet plus de considérer la houille comme une combinaison du carbone avec un bitume.

La transition ou le passage du bois végétal à ce minéral, que l'on nomme *bois bitumineux*, ou mieux *bois fossile*, est tellement manifeste, qu'il semble souvent que l'on pourrait déterminer avec assurance l'espèce de bois qui donna lieu à l'existence du minéral; mais plus l'altération des fibres végétales est avancée, moins les passages sont frappans, et plus il devient difficile de les saisir. Le bois fossile d'Islande, connu sous le nom de *Surturbrand*, ne ressemble presque plus à un bois, du moins dans les morceaux de cabinet. Cette substance paraît être un lignite fibreux, et souvent le lignite ne se fait distinguer de la véritable houille, que parce qu'il est environné de lignite moins complétement altéré. Par la dénomination de houille piciforme, ou jayet (*Pechkohle*), on désigne tantôt une véritable houille, tantôt un lignite; et la houille scapiforme (*Stangenkohle*) du mont Meissner, en Hesse, s'est introduite dans tous les systèmes de minéralogie comme une houille, quoique ce ne soit autre chose qu'un lignite altéré par l'action du basalte. Nulle part encore, on n'a trouvé le lignite dans un dépôt naturel de houille, non plus que la houille véritable dans un gîte de lignite.

Les passages de la houille à l'anthracite ne sont pas moins insensibles que ceux du lignite à la houille. La véritable anthracite, ainsi que le graphite, est d'une formation qui se présente rarement, et il n'est pas présumable que l'on puisse jamais réussir à constater la présence de l'une ou de l'autre de ces substances dans une couche de houille. Cependant ce ne saurait être une raison de rejeter comme invraisemblable l'idée, que l'anthracite et le graphite peuvent provenir de l'altération des fibres végétales, si d'ailleurs la nature intime de ces corps ne repousse pas cette idée, sur laquelle nous reviendrons plus tard.

Dans les fibres végétales non altérées, la teneur en carbone est moindre, tandis que la proportion d'oxigène et d'hydrogène est plus grande, que dans les fibres végétales altérées. C'est par une conséquence nécessaire de ce fait, que les premières, mises en contact avec d'autres corps dans une fournaise ardente, se comportent à leur égard si différemment des dernières. La différence est d'autant plus apparente, que l'altération des fibres a fait plus de progrès; en d'autres termes, cette différence est d'autant plus grande, que le rapport de la quantité de carbone à la quantité des autres parties constituantes est devenu plus grand. Dans l'anthracite et le graphite, ce rapport paraît avoir atteint son *maximum*. Aussi regarde-t-on ces deux substances, ou tout au moins le graphite, comme un carbone entièrement privé d'oxigène et d'hydrogène.

D'après les idées qui sont admises jusqu'à ce jour, le graphite serait un charbon, et l'on explique sa manière de se comporter différemment du charbon, en le considérant comme une combinaison chimique de 95 parties de charbon avec 5 parties de fer, d'où résultent 100 parties de graphite ou percarbure de fer. Quant à la différence entre l'anthracite et le charbon pur, on s'est moins prononcé. Il paraît, à vrai dire, que ce serait pour la chimie un problème insoluble, que de vouloir expliquer la différence qui existe entre le diamant, le graphite, l'anthracite et le charbon pur.

La tourbe, le lignite et la houille, soumis à la distillation par la voie sèche, donnent presque toujours des traces plus ou moins fortes d'ammoniaque. On n'en obtient point de la distillation des fibres végétales non altérées. Ainsi, l'azote paraît se présenter comme une nouvelle partie constituante des fibres végétales altérées. Cependant la proportion d'azote est si faible, dans toutes les variétés de lignite et de houille qui ont été l'objet des essais de M. Karsten, que cette substance ne paraît pas en être une partie essentiellement constituante.

Plusieurs lignites et houilles fournissent, à la distillation, une liqueur acide; mais la plupart des houilles n'en fournissent point. La tourbe, dans la distillation par la voie sèche, fournit une telle abondance d'eau acide, qu'il est difficile de reconnaître clairement dans cette substance la base ammoniacale qui s'y trouve, et cela, même en saturant l'acide par la potasse.

L'auteur de l'ouvrage qui nous occupe a recherché et décrit avec soin les effets très-divers qui sont produits, soit sur le bois, et en général, sur les fibres végétales non altérées, soit sur les fibres végétales altérées, sur la tourbe, le lignite et la houille, par les différens réactifs chimiques, tels que l'eau, l'alcool, l'éther sulfurique, l'ammoniaque caustique, l'hydro-sulfure d'ammoniaque, l'acide nitrique, l'acide muriatique, l'acide sulfurique concentré. C'est dans son ouvrage même que l'on trouvera les détails de ces manipulations.

Bornons-nous à remarquer les principaux résultats. Ceux que l'on obtient en faisant agir les acides sur les fibres végétales, soit altérées, soit non altérées, sont parfaitement d'accord avec la manière de se comporter des acides et la manière d'être du corps sur lequel ils agissent. L'acide nitrique, facile à décomposer, et par cela même plus capable d'oxider, opère plus promptement, et dans un plus haut degré, l'oxidation des fibres végétales; cet acide les change en une substance analogue au tannin, ou même en un acide, au lieu que l'acide sulfurique ne peut opérer qu'une métamorphose des fibres en gomme, et finalement en sucre. La fibre non encore altérée subit ses métamorphoses plus vite et plus complétement, parce que le rapport plus grand de la quantité d'oxigène et d'hydrogène à la quantité de carbone facilite l'action des acides.

A mesure que la quantité de carbone augmente, l'effet chimique des acides devient de plus en plus faible; enfin, le charbon tout-à-fait pur ne paraît plus susceptible d'être altéré par les acides, que dans un seul cas : c'est lorsque cette substance se trouve, comme cela a lieu pour le charbon de bois, dans un état léger ou lâche d'agrégation mécanique.

L'anthracite, le graphite et le diamant résistent à l'action des acides; c'est peut-être uniquement à cause de leur grande densité. Le diamant, qui est le plus dense des charbons connus, ne se laisse brûler qu'à un très-haut degré de température et par le moyen de l'oxigène pur. L'anthracite et le graphite sont incomparablement plus faciles à détruire; et le charbon que l'on obtient en distillant, par la voie sèche, la houille, le lignite et les fibres végétales non altérées, est d'autant plus facile à s'allumer, qu'il a eu plus d'occasions de prendre une agrégation lâche pendant la carbonisation, ou bien que le corps employé pour produire ce charbon était plus pauvre en carbone. Une houille que l'on carbonise dans des fourneaux, ou bien à vases clos, donne un charbon beaucoup plus compacte et plus difficile à s'allumer, que celui qui provient de la même houille carbonisée en tas exposés à l'air libre.

L'élévation de la température opère une décomposition du combustible, une formation de nouvelles combinaisons; ce procédé a reçu le nom de Carbonisation, parce que, dans cette opération, le résidu fixe au feu consiste en charbon pur. Si l'hydrogène, l'oxigène et le carbone, étant soumis à différens degrés de température, obéissent aussi à différentes lois de combinaison, la quantité de charbon pur qui reste après la carbonisation doit dépendre non-seulement de la manière d'être du corps qu'il s'agit de carboniser, mais encore des différens degrés de température qui ont été employés pendant cette opération. C'est effectivement ce qui a lieu : plusieurs résines et graisses, qui contiennent beaucoup plus de carbone que les fibres végétales, ne laissent aucune trace de charbon dans leur décomposition spontanée sous une haute température ; et dans une même fibre végétale, la quantité du résidu en charbon dépend entièrement du degré de la chaleur produite pendant la carbonisation.

Ce n'est pas seulement la quantité du résidu en charbon, qui doit varier d'après les différens degrés de la température employée. Cette même cause doit rendre plus variables encore la quantité et la manière d'être des autres combinaisons qui se forment pendant la distillation par la voie sèche, c'est-à-dire pendant la carbonisation. Il en est ainsi, précisément parce que la quantité du résidu en charbon n'est qu'une conséquence de la nature et de la manière d'être des combinaisons gazeuses et des fluides ou vapeurs qui se forment pendant l'opération. Cette différence du jeu des combinaisons organiques sous les différens degrés d'une haute température offre, même dans la pratique, une certaine importance. D'une même houille on peut obtenir pour l'éclairage, soit une plus grande quantité de gaz de mauvaise qualité, soit moins de gaz incomparablement meilleur, selon que l'on opère la carbonisation à l'aide d'une chaleur plus faible ou plus forte.

Si le principal but de l'opération était d'obtenir le charbon, il faudrait employer d'abord une chaleur aussi faible qu'il se pourrait, et ne la faire monter que vers la fin, pour ne perdre de charbon que le moins possible dans les combinaisons gazeuses et dans les fluides qui se forment. Cela fait voir aussi que les produits de la distillation par la voie sèche, pour un même corps organique, doivent présenter des différences, aussi bien de quantité que d'espèce, selon que les températures employées ont été différentes. C'est une circonstance que l'on devrait, dans un grand nombre de cas, prendre plus en considération qu'on ne l'a fait jusqu'à présent.

On sait que les produits de la distillation des fibres végétales non altérées et parfaitement séchées à l'air sont un acide empyreumatique, de l'eau, de l'huile, très-peu de substance alcoolique et un mélange de gaz, mélange composé de gaz acide carbonique, de gaz d'oxide de carbone, de gaz hydrogène carboné et de gaz huileux. Le rapport de toutes ces combinaisons entre elles, et la quantité du résidu en charbon, dépendent de la température.

Si l'on expose pendant long-temps des copeaux de bois à une température qui ne s'élève pas au-dessus de 120 degrés de Réaumur, il vient un moment où l'on n'y observe plus aucun changement de poids. Dans cette opération, le bois séché à la température de l'air, mais non pas à la température de l'eau bouillante, perd de son poids 66 à 69 pour 100 : [séché à cette dernière température, le bois perdrait tout au plus de 56 à 59] (1). Ainsi, le résidu qui ressemble parfaitement au charbon de bois ordinaire, si ce n'est que le premier offre un aspect un peu plus mat, pèse de 41 à 44 pour 100 de la quantité réelle de bois qui a été employée, abstraction faite de l'humidité. Cette substance charbonneuse est ce que M. de Rumford a nommé la charpente ou le squelette des plantes ; ce savant l'a regardée comme étant un charbon pur, qui, suivant lui, existerait en quantité égale dans toutes les plantes. Mais M. Karsten, s'appuyant sur ses propres recherches, en conclut que le prétendu squelette des plantes n'est qu'une fibre végétale imparfaitement décomposée, et que ce n'est point du tout un charbon pur.

---

(1) Pour admettre la conséquence que va tirer M. Karsten, nous sommes obligés de suppléer une idée intermédiaire qu'indique cette parenthèse, idée que l'auteur n'exprime pas ici, mais qui s'accorde avec ce qu'il dit ailleurs, pag. 23 et 36 de son ouvrage.

A la vérité, dit M. Karsten, les fibres végétales, après la désunion de leurs élémens, conservent la forme extérieure des fibres non décomposées, et elles n'éprouvent dans leur forme aucun autre changement qu'une diminution de volume; mais c'est une conséquence du fait qui vient d'être rapporté; c'est parce que la désunion des élémens de ces fibres végétales, sous une température d'environ 120 degrés de Réaumur, ne peut pas être portée au-delà d'une perte de poids qui varie entre 66 et 69 pour 100. Il en résulte que, si l'on élève la température au-delà de ce point, alors commence une nouvelle perte de poids, qui à son tour demeure constante pour le nouveau degré, jusqu'à ce qu'enfin, sous la température de l'incandescence, la désunion des élémens de ces fibres se soit complétement opérée, et que dès-lors il n'y ait plus lieu à diminution de poids.

Au reste, les produits de cette décomposition lente sont très-différens de ceux que l'on obtient par une décomposition opérée à l'aide d'une chaleur rapidement augmentée. Le bois de charme commun, qui, dans une carbonisation rapide, donne les produits ordinaires des bois distillés, et fournit en charbon 13,3 pour 100, développe, sous une élévation lente de la température, beaucoup plus d'eau, de gaz hydrogène carboné et de gaz acide carbonique; il fournit alors 26,1 pour 100, de charbon, c'est-à-dire à-peu-près deux fois autant que dans le cas d'une carbonisation rapide. La décomposition des fibres végétales non altérées commence donc à une température assez basse; c'est parce que, dans les fibres du bois, la teneur en oxigène et en hydrogène, comme on le sait par les analyses de MM. Gay-Lussac et Thénard, se trouve être assez exactement dans le rapport qui est nécessaire pour la formation de l'eau.

Le charbon obtenu de la fibre végétale au moyen de la distillation par la voie sèche conserve toute la teneur en alcalis et en terres, qui se trouvait dans le bois. Cette même teneur, on peut l'extraire par les acides, pourvu que les terres n'y soient point insolubles par elles-mêmes. Les terres et les alcalis existent-ils à l'état métallique dans le charbon? Cela n'est pas vraisemblable, dit l'auteur; mais quand cela serait vrai en partie, M. Karsten penserait plus volontiers que ces substances seraient parvenues à leur état métallique pendant la préparation même du charbon, qu'il ne serait porté à les regarder comme ayant déjà préexisté en état de métal dans la fibre des végétaux. La silice, l'argile, la chaux et l'oxide de fer sont ordinairement, outre la potasse, les parties constituantes de la cendre que laisse le charbon de bois en brûlant.

La quantité de charbon que l'on peut obtenir de la fibre végétale au moyen de la distillation par la voie sèche, c'est-à-dire de la carbonisation, paraît n'être pas très-variable dans nos espèces de bois. Pour le prouver, l'auteur présente, dans un tableau synoptique, les résultats des expériences auxquelles il a soumis vingt et une sortes de fibres végétales non altérées, telles que chêne, hêtre, charme, bouleau, pin, tilleul, paille, fougère, roseau, et une pièce de bois de bouleau, qui ayant servi d'étançon dans une mine pendant cent ans, s'y était cependant bien conservée. Dans tous ces essais, la matière était employée à l'état de copeaux, qui pendant plusieurs jours avaient été parfaitement séchés en plein air, à une température de 12 à 15 degrés de Réaumur. La même espèce de matière fut, d'une part, soumise à une carbonisation très-rapide, pour laquelle, dès le commencement de la distillation, on employa la chaleur de l'incandescence, et d'autre part, à une température que l'on fit monter très-lentement jusqu'à ce même point. La teneur en cendre fut déterminée avec soin, au moyen de l'incinération du charbon sous la moufle d'un fourneau d'essai; le poids de la cendre est défalqué de celui du charbon dans le tableau qui va suivre.

Bois soumis a la carbonisation.	Quantités obtenues de 100 parties de bois			
	Par la carbonisation rapide.		Par la carbonisation lente.	
	Charbon.	Cendre.	Charbon.	Cendre.
Jeune chêne	16,39	0,15	25,45	,15
Vieux, *id.*	15,80	0,11	25,60	0,11
Jeune hêtre (*fagus sylvatica*)	14,50	0,375	25,50	0,375
Vieux, *id.*	13,75	0,4	25,75	0,4
Jeune charme commun (*carpinus betulus*)	12,80	0,32	24,90	0,32
Vieux, *id.*	13,30	0,35	26,10	0,35
Jeune aune	14,10	0,35	25,30	0,35
Vieux, *id.*	14,90	0,40	25,25	0,40
Jeune bouleau	12,80	0,25	24,80	0,25
Vieux, *id.*	11,90	0,30	24,40	0,30
Jeune sapin (*pinus picea*)	14,10	0,15	25,10	0,15
Vieux, *id.*	13,90	0,15	24,85	0,15
Jeune pin (*pinus abies*)	16,00	0,225	27,50	0,225
Vieux, *id.*	15,10	0,25	24,50	0,25
Jeune pin de Genève (*pinus sylvestris*)	15,40	0,12	25,95	0,12
Vieux, *id.*	13,60	0,15	25,80	0,15
Tilleul	12,90	0,40	24,20	0,40
Paille de seigle	13,10	0,30	24,30	0,30
Fougère	14,25	2,75	25,20	2,75
Tige de roseau	12,95	1,70	24,75	1,70
Bois de bouleau qui, pendant plus de 100 ans, avait servi d'étançon dans une mine, et s'était bien conservé	12,15		25,10	

Il suffit de jeter un coup-d'œil sur ce tableau pour y remarquer un résultat général que voici : Quelque différence que présentent aux yeux les fibres végétales des graminées, des fougères et des diverses espèces de bois, ces matières donnent toutes des quantités presque égales de charbon dans la distillation par la voie sèche. Les différences que l'on observe, çà et là, peuvent provenir de ce qu'il est impossible de maintenir continuellement au même degré la température du bain de sable. C'était dans la carbonisation rapide, que les résultats devaient le plus différer entre eux, parce que dans ce cas il est encore plus difficile de mesurer exactement la température. La quantité de charbon obtenue par le moyen de la carbonisation rapide varie, pour 100 parties de la matière employée, entre 11,90 (produit du vieux bois de bouleau), et 16,39 (produit du jeune bois de chêne); mais dans la carbonisation lente, la quantité de charbon obtenue est à-peu-près le double, ou tout au moins moitié en sus; elle varie entre 24,20 (produit du bois de tilleul), et 27,50 (produit du jeune bois de pin). Dans l'un et l'autre procédé de carbonisation, la quantité de cendre reste la même; elle varie, en général, entre 2,75 (produit de la fougère), et 0,11 (produit du vieux bois de chêne); mais dans la plupart des cas elle est au-dessous de 0,4.

Ainsi que la fibre végétale non altérée, le bois fossile, dans sa carbonisation, conserve entièrement sa forme extérieure, et diminue seulement de volume. Cette conservation de la forme extérieure après la carbonisation, c'est-à-dire après une décomposition complète, est un phénomène sans exemple dans la nature inorganique, phéno-

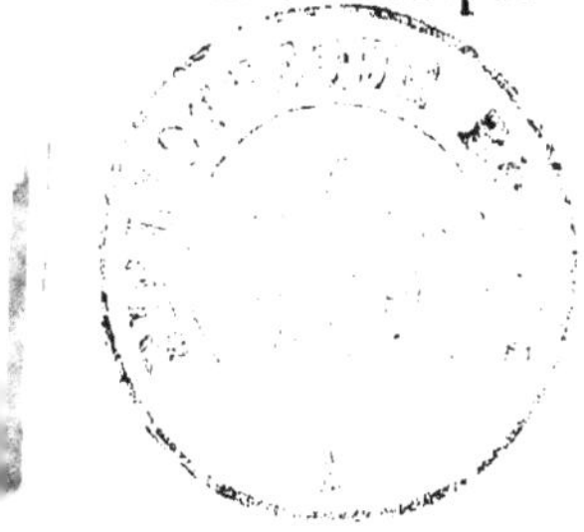

mène exclusivement propre à la fibre végétale non altérée, au bois fossile, au lignite et à quelques sortes de houille; d'autres sortes de ce dernier combustible, dans le procédé de la décomposition par une chaleur ardente, perdent plus ou moins leur forme, et par cette différente manière de se comporter, elles permettent déjà de prévoir, avec assez de certitude, quelle doit être leur composition.

On peut assurer sans témérité, que le bois fossile et le lignite sont encore aujourd'hui, pour ainsi dire, en train de se développer : c'est ce que prouvent communément, dans les mines de lignite, les morceaux de combustible qui offrent un passage évident du bois fossile au lignite. A l'égard de la houille, on n'est pas aussi fondé à supposer que la formation de ce combustible soit encore en train de s'accomplir, ou qu'un changement de rapport dans ses élémens dure encore et se continue; mais cela n'est pas invraisemblable.

D'après les fréquentes variations que présente le bois fossile dans ses passages au lignite, on peut déjà s'attendre à ne pas obtenir, pour résidu de sa carbonisation, une quantité de charbon qui demeure à-peu-près constante, comme cela se voyait tout à l'heure au sujet de la fibre végétale non altérée. Selon que le bois fossile se rapproche plus ou moins du lignite, il fournit plus ou moins de charbon; mais dans la carbonisation du bois fossile, aussi bien que dans celle du lignite, la quantité et l'espèce des produits formés dépendent du degré de la température, quoique, dans les sortes qui se rapprochent du lignite, les limites soient déjà beaucoup plus resserrées. En général, le bois fossile, soumis à la distillation par la voie sèche, donne les mêmes quantités de gaz que la fibre de bois non altérée; mais il fournit moins d'eau et encore moins de cette huile d'une odeur particulière et désagréable, par laquelle tous les lignites se font reconnaître à l'instant. L'acide empyreumatique ne se forme alors qu'en très-petite quantité; mais en revanche, la formation d'alcool est beaucoup plus considérable que dans le cas d'une fibre végétale non altérée. Ceux des lignites qui, d'après leurs caractères extérieurs, offrent visiblement un passage à la houille, donnent, à la distillation par la voie sèche, de l'eau avec très-peu d'huile fétide, et fournissent souvent jusqu'à 70 pour 100 de charbon pur.

Ainsi donc, ces lignites (*Braunkohle commun* de Werner), combustibles desquels ne diffère pas, à la distillation, le *Moorkohle* (houille limoneuse) du même savant, ces lignites, dit M. Karsten, surpassent un grand nombre de houilles, quant à la quantité de charbon qu'on peut en obtenir. Joignez à cela que la pesanteur spécifique de ces lignites, l'eau étant prise pour unité, s'élève jusqu'à 1,2881, et par conséquent au-dessus de celle de plusieurs houilles, ce qu'on ne saurait attribuer à la quantité de terres et d'oxide de fer, puisque souvent ces lignites n'en contiennent pas un pour cent.

La teneur en cendre du bois fossile et du lignite est très-variable. Dans les espèces essayées par M. Karsten, elle varie depuis $\frac{3}{4}$ jusqu'à plus de 50 pour 100. C'est un grave inconvénient pour l'emploi de ces combustibles; car la cendre, en s'appliquant sur la substance qui brûle, s'oppose tellement à la combustion, qu'on est obligé d'employer un courant d'air plus fort que ne l'exigerait, sans cette circonstance, la nature propre du combustible. De là, grande difficulté de mettre à profit ce dernier pour l'objet qu'on se propose. La cendre du bois fossile et du lignite ne contient aucune trace d'alcali fixe. La silice, l'argile, l'oxide de fer, le sulfate de chaux, un peu de chaux et de magnésie, telles sont les substances qui se trouvent dans les résidus de la combustion du bois fossile et du lignite; elles s'y présentent en des proportions très-différentes et très-variables, qui dépendent des circonstances locales, sous l'influence desquelles s'opéra le dépôt des matières dans les gîtes naturels de ces combustibles.

Dans les houilles, la quantité de charbon que l'on peut obtenir, au moyen de la distillation par la voie sèche, varie encore plus que dans les différentes sortes de lignite, y compris le bois fossile. L'auteur n'a pas rencontré de houille qui, à la distillation par la voie sèche, ait fourni moins de 48 pour 100, de charbon. A partir de ce nombre, la quantité du résidu en charbon s'élève à 90 pour 100. Entre ces deux limites, à peine pourrait-on trouver un seul nombre qui ne fût propre à exprimer le produit en charbon, de quelque houille; cependant, on remarque des différences frappantes dans la forme extérieure des houilles carbonisées, dites cokes.

Ici, l'auteur divise les houilles en trois classes, qu'il établit d'après l'apparence extérieure des charbons ou cokes qui en proviennent. Pour l'objet qu'il se propose, M. Karsten distingue :

1°. Les houilles à coke pulvérulent;

2°. Les houilles à coke fritté ou coagulé;

3°. Les houilles à coke boursoufflé.

Ces trois dénominations indiquent suffisamment l'aspect et la manière d'être de chacune des trois sortes de coke, ainsi que le passage qui peut avoir lieu d'une sorte à l'autre.

Dans toutes ces houilles, comme dans les fibres végétales non altérées, la quantité de charbon obtenue diffère selon que, pour la distillation, on a employé une chaleur lente ou une chaleur prompte. En général, cette différence de produit est d'autant plus forte, que les houilles contiennent moins de charbon; cependant, les houilles à coke boursoufflé font exception : souvent celles-ci, avec une teneur plus grande en charbon, offrent de plus fortes différences de produit dans les deux procédés de carbonisation, que ne le font, avec une moindre teneur en charbon, les houilles à coke pulvérulent, et particulièrement les houilles à coke fritté. Au surplus, ces différences de produit, dans toutes les houilles essayées par M. Karsten, n'excèdent pas 6 pour 100, et même ce maximum de différence n'a été observé que dans une houille à coke boursoufflé, qui présentait une teneur moyenne en charbon. Le produit en coke, des houilles de cette classe, quand elles ont une plus grande teneur en charbon, ne varie pas au-delà de 4 pour 100 dans les deux procédés de carbonisation.

Un autre fait remarquable, c'est que l'application d'une chaleur faible, et poussée très-lentement jusqu'à la plus forte chaleur rouge, diminue, dans les houilles, la propriété de fournir un coke, soit fritté, soit boursoufflé. Telle houille qui, étant soumise à une incandescence rapide, s'annonce comme de la seconde classe (houille à coke fritté), peut, au moyen d'une chaleur poussée très-lentement, offrir l'aspect d'une houille de la première (à coke pulvérulent). C'est principalement dans les transitions de l'une à l'autre classe, que l'on observe ce fait. De même, par le procédé d'une chaleur lente, une houille de la troisième classe présente l'aspect de la seconde, et sur-tout si la houille dont il s'agit ne possède que faiblement la propriété de fournir un coke boursoufflé. Dans tous les cas, en ne chauffant qu'avec lenteur, on diminue le gonflement des houilles à coke boursoufflé : dès-lors, elles forment une masse moins lâche, moins étendue, moins légère, que si l'on avait appliqué rapidement une chaleur ardente.

Une distinction entre les houilles qui se boursoufflent et celles qui ne se boursoufflent pas est depuis long-temps établie dans les arts, parce que ces deux combustibles s'y comportent très-différemment. Les praticiens ne tardèrent pas à remarquer la grande influence que la manière de se comporter de la houille exerce sur l'usage qu'on en peut faire; ils reconnurent que les houilles qui se boursoufflent ne peuvent pas toujours être remplacées par celles qui ne se boursoufflent pas, et réciproquement; mais entre les unes et les autres, l'opinion commune n'établit une différence qu'ainsi qu'il suit : les houilles, dit-on, qui se boursoufflent se distinguent seulement par une plus grande quantité de parties constituantes qui ne sont pas du carbone, parties que l'on a désignées par le nom de Bitume ; ou bien, c'est la teneur en charbon qui décide si une houille possède, ou non, la propriété de se boursouffler.

Cette opinion n'est pas fondée : loin de cela, on observe le plus souvent que la teneur en charbon est plus grande dans les houilles qui se boursoufflent que dans les autres. Il y a des houilles de la première et de la seconde classe (à coke pulvérulent et à coke fritté) qui, par la carbonisation, ne fournissent qu'environ 50 pour 100 de coke, et l'on voit très-peu de houilles de la troisième classe (à coke boursoufflé) en donner aussi peu. Au contraire, un grand nombre de ces houilles à coke boursoufflé fournissent plus de 80 pour 100, d'un charbon très-lâche et très-gonflé. Une telle houille ne peut pas contenir autant de parties constituantes qui ne soient point du charbon, qu'une houille à coke pulvérulent ou à coke fritté, de laquelle on n'obtient qu'environ 50 pour 100, de coke.

Les produits de la distillation de la houille, par la voie sèche, sont bien connus. Plus la teneur en charbon y devient grande, plus est épaisse la consistance de l'huile qui se forme. Toutes les houilles sans exception donnent, à la distillation par la voie sèche, de faibles traces d'ammoniaque. Les houilles à coke pulvérulent, lorsqu'elles ont une faible teneur en charbon, offrent des traces d'un acide. Dans toutes les houilles de cette première classe, le rapport du fluide aqueux au fluide huileux est plus grand que dans celles de la seconde; et dans ces dernières, ce rapport est plus grand que dans les houilles de la troisième (à coke boursoufflé). La quantité des substances gazeuses et des fluides ou vapeurs qui se forment est en raison inverse de la teneur en charbon. Le dégagement de gaz est en moindre quantité pour les houilles, que pour la plupart des lignites; mais dans les premières, les combinaisons d'hydrogène carboné sont plus dominantes; il ne se forme du gaz hydrogène sulfuré, que si la houille est mêlée de fer pyriteux, ce qui manque rarement d'avoir lieu. Plus la houille est capable de se boursouffler (troisième classe), plus s'accroît la proportion du gaz huileux dans le mélange gazeux.

Ce n'est qu'à l'égard de celles des houilles de la première et de la seconde classe, dans lesquelles la teneur en carbone est faible, qu'il s'opère une décomposition du combustible avant qu'il ait éprouvé la chaleur rouge, et même, dans ces houilles, la décomposition, sous une basse température, ne fait pas des progrès marqués.

La substance huileuse ne commence jamais à se développer que quand la chaleur est parvenue au degré du rouge foncé. A toutes les houilles des deux premières classes, ainsi qu'à celles de la troisième, qui contiennent beaucoup de carbone, il faut appliquer une faible chaleur rouge, pour commencer la décomposition, et une très-forte chaleur rouge, pour la terminer. Il n'est point de houille, qui, dans la distillation par la voie sèche, outre l'huile et les gaz, ne dégage aussi de l'eau.

Dans les essais ordinaires de houilles, essais qui ont pour objet de déterminer la quantité et la sorte de coke ou charbon, qu'elles sont capables de fournir à la distillation par la voie sèche, on a coutume d'employer les houilles dans l'état de dessiccation à l'air. Ce procédé suffit pour la pratique des arts; mais il serait vicieux pour une analyse chimique proprement dite. Dans ce dernier cas, M. Karsten a reconnu la nécessité de dessécher à la température de l'eau bouillante les divers combustibles qu'il voulait analyser chimiquement, afin de comparer les résultats de l'analyse avec les effets que produisent les mêmes houilles dans leur distillation par la voie sèche.

L'auteur avait d'abord présumé que toutes les houilles, prises dans leur état ordinaire de dessiccation à l'air, et telles qu'on les emploie pour la carbonisation, n'éprouveraient pas une grande perte de poids jusqu'à la température de l'eau bouillante, ou que du moins cette perte de poids serait à-peu-près égale dans toutes; mais, pour atteindre son but, il s'est vu forcé de rechercher quelle perte de poids les houilles éprouvent par leur dessiccation à la température de l'eau bouillante: de là, une série d'essais comparatifs que M. Karsten a étendus à quelques autres substances.

Toutes ces matières réduites en poudre furent d'abord exposées pendant cinq jours, sous les mêmes circonstances, à une température de 11 à 12 degrés du thermomètre de Réaumur. Lorsque toutes furent ainsi parvenues au même degré de dessiccation, une égale quantité de chacune d'elles fut pesée, puis séchée à la température de l'eau bouillante; ensuite, la matière, encore toute chaude, fut pesée de nouveau, et la différence de poids fut constatée. A cette haute température, aucune décomposition des corps en expérience n'avait encore eu lieu; ce qui le prouve, c'est que toutes ces substances, après avoir été exposées à l'air pendant 36 heures, reprirent leur premier poids.

Le tableau suivant fait voir ce que pesèrent, après leur dessiccation à la température de l'eau bouillante, 100 parties des substances essayées, savoir : la sciure de hêtre, le charbon de bois, le bois fossile, plusieurs lignites, le charbon de bois minéral, un grand nombre de houilles de diverses contrées, l'anthracite, les diverses sortes de coke, la plombagine ou le graphite, le sucre, le salpêtre et le sulfate de potasse.

SUBSTANCES soumises à la dessiccation sous la température de l'eau bouillante, leur premier poids étant représenté par 100.		POIDS conservé après la dessiccation, pour 100 en poids.
Copeaux de charme commun		90,7
Charbon de bois		91,6
Bois fossile, passant au lignite, du pays d'Aix-la-Chapelle		80,2
Lignite scapiforme (*Stangenkohle*) du mont Meissner en Hesse		97,2
Lignite (*Braunkohle*) de Uttweiler, rive droite du Rhin		95,05
Charbon de bois minéral (*Faserkohle*) de Ibbenbuhren en Prusse (Westphalie.)		99,1
Lignite fibreux (*Surturbrand*) d'Islande		86,95
Houille compacte (*Kennelkohle*) du Lancashire	à coke très-boursoufflé.	98,4
Idem, Ibidem. ———	à coke peu boursoufflé.	97,6
———	à coke pulvérulent.	94,4
Houille de Newcastle en Angleterre	à coke boursoufflé.	98,7
——— de Mons (Pays-Bas)	à coke fritté	99,3
——— du pays d'Essen et Werden	à coke boursoufflé.	98,75
———	à coke fritté.	99,05
———	à coke pulvérulent.	99,3
Houille de la Hte.-Silésie.	à coke pulvérulent.	91,15
———	à coke pulvérulent.	87,3
Houille du canton de Bardenberg, pays d'Aix-la-Chapelle	à coke pulvérulent.	98,2
——— de Sulzbach, près Duttweiler	à coke boursoufflé	98,»
——— du pays de Saarbruck	à coke fritté	94,»
——— de Loebejün, dans le cercle de la Saale, en Prusse	à coke pulvérulent.	99,»
Houille piciforme de Planitz, Royaume de Saxe.	à coke fritté	94,3
Houille de Pottschapel, près Dresde	à coke boursoufflé	94,4

SUBSTANCES soumises à la dessiccation sous la température de l'eau bouillante, leur premier poids étant représenté par 100.		POIDS conservé après la dessiccation, pour 100 en poids.
Houille éclatante du pays de Tecklenburg-Lingen.	....	98,3
—— éclatante (*Glanzkohle*), prétendue Anthracite de Schœnfeld en Saxe.........	à coke pulvérulent...	95,95
—— éclatante de Lischwitz, près Géra, en Saxe.	....	94,8
Anthracite conchoïde de Rhode-Island (Ét.-Unis).	....	94,9
Prétendue Anthracite de La Motte, département de l'Isère........	à coke pulvérulent...	95,5
Houille du pays de Waldenburg (Bas.-Silésie).	à coke boursoufflé...	97,8
—— de la Westphalie..	à coke pulvérulent...	99,»
—— du Brésil......	à coke pulvérulent...	89,4
—— de la Hte.-Silésie.	à coke pulvérulent...	93,2
——————	à coke pulvérulent...	97,1
—— du pays de Waldenburg, passant de la houille à coke boursoufflé à la houille......	à coke fritté......	98,5
Houille de la Hte. Silésie.	à coke boursoufflé...	97,1
—— du pays de Waldenburg...........	à coke pulvérulent...	96,4
—— de la Hte.-Silésie.	à coke fritté.......	95,9
—— des environs de Beuthen (Haute-Silésie.)..	à coke pulvérulent...	93,1
—— du pays de Saarbruck.........	à coke boursoufflé...	95,1
—— d'Eschweiler, pays d'Aix-la-Chapelle....	à coke boursoufflé...	99,1
Houille d'Eschweiler, d'une autre couche...	à coke boursoufflé...	99,1
—— de Wellesweiler, pays de Saarbruck...	à coke boursoufflé...	97,85
—— du pays de Waldenburg (Basse-Silésie)	à coke boursoufflé...	97,8
Coke boursoufflé.........................		95,55
Coke fritté.........................		95,6
Coke pulvérulent.........................		95,5
Graphite ou plombagine de Borrowdale.....		100,»
Sucre.........................		100,»
Salpêtre (nitrate de potasse)............		100,»
Sulfate de potasse.................		100,»

Les pertes de poids indiquées par ce tableau, quelque différence qu'elles présentent, ne paraissent avoir aucune relation avec les propriétés des houilles, et en général des matières mises en expérience. La plus grande perte est éprouvée par le bois fossile et par la houille à coke fritté, d'une faible teneur en charbon. Le premier perd 19,8, et la seconde 6 pour 100; plus la teneur en charbon augmente, plus la perte de poids devient faible. Cependant M. Karsten s'étonne de voir qu'une houille analogue à l'anthracite, et l'anthracite elle-même, éprouvent une perte considérable (de 5 à 6 pour 100), ce que leur dureté et leur éclat demi-métallique ne lui faisaient pas présumer.

En général, la légèreté, c'est-à-dire l'état léger ou lâche d'un corps, paraît ne pas influer, ou du moins ne pas toujours influer sur cette perte de poids; car autrement le charbon de bois minéral, qui, de toutes les substances essayées, est la plus légère, la plus lâche, et peut-être sans en excepter le charbon de bois, aurait dû éprouver la plus grande perte. Cependant le charbon de bois minéral ne perd pas plus de 1, tandis que l'anthracite dure et brillante de Rhode-Island perd plus de 5 pour 100; au contraire, le graphite, rendu très-lâche par le broiement et la pulvérisation, conserve son poids tout entier.

Ce que les charbons perdent en poids, et par conséquent ce qu'ils empruntent de l'atmosphère, est-ce de l'air atmosphérique et de l'humidité, ou seulement de l'humidité? L'auteur ne s'est pas livré à cette recherche; mais il pense que, pour jeter un grand jour sur la cause des différences que l'on observe dans la manière de se comporter des combustibles minéraux, il serait intéressant de les essayer ainsi au sortir même de la mine, et particulièrement ceux qui, en plein air, augmentent considérablement de poids. A l'égard de celles des houilles qui, par leur dessiccation à la température de l'eau bouillante, éprouvent une perte de poids très-considérable, leur produit en coke dans la carbonisation doit se montrer trop faible et ne pas s'accorder avec les résultats de l'analyse chimique, si dans la carbonisation on emploie, comme c'est l'ordinaire, des houilles séchées à l'air, et dans l'analyse chimique des houilles séchées à la température de l'eau bouillante.

2°. *Examen chimique des combustibles minéraux en général.*

La composition chimique des houilles, dans le sens propre de ce terme, ne peut se laisser deviner avec quelque vraisemblance, d'après les résultats du procédé de carbonisation, que si l'on compare le poids et la manière d'être de chacun des cokes obtenus, avec le poids et l'état d'autres cokes provenant de houilles dont la composition soit déjà constatée par l'analyse chimique. En pareil cas, on pourra déterminer avec assez de certitude la composition d'une houille d'après les résultats de sa carbonisation.

Telle est l'idée principale qui a dirigé les recherches de M. Karsten. D'un côté, le savant auteur était convaincu de cette vérité, que pour juger de la nature propre des houilles, et pour assigner la cause des différentes manières de se comporter que présentent non-seulement les lignites et les houilles, mais encore les diverses sortes de houilles, il fallait commencer par connaître les proportions de carbone, d'hydrogène, d'oxigène et d'azote, qui se trouvent dans ces combustibles; d'un autre côté, vu l'extrême difficulté de semblables analyses par la voie sèche, M. Karsten regardait comme presque impossible d'analyser ainsi un grand nombre de houilles; en conséquence, l'auteur a fait choix d'un certain nombre de combustibles minéraux qui, dans leur manière de se comporter à la distillation par la voie sèche, offrissent les différences les plus frappantes.

Les échantillons choisis, au nombre de onze, ont été décrits minéralogiquement, et soumis avec le même soin, d'une part, à la distillation par la voie sèche, de l'autre, à l'analyse chimique : c'était du bois fossile et du lignite des contrés voisines du Rhin, des houilles diverses de la Haute-Silésie, du pays de Saarbruck, d'autres parties de la Prusse et des mines de l'Angleterre. Aux résultats de ses onze analyses chimiques, M. Karsten, pour compléter la comparaison qu'il se proposait d'établir entre les divers combustibles, a joint le résultat que MM. Gay-Lussac et Thénard ont obtenu par leur analyse du bois de hêtre.

L'auteur parvient ainsi à former un tableau synoptique de douze combustibles, qu'il prend pour termes généraux de comparaison. Ce tableau, fondé tant sur les analyses de M. Karsten que sur les données admises par M. Berzélius dans la théorie atomistique, pose en fait que, dans chacun des combustibles essayés, mille atomes de carbone se trouvent combinés avec un certain nombre, qu'il indique, d'atomes d'oxigène et d'atomes d'hydrogène; ensuite l'auteur établit, par le calcul, combien, dans chacune de ces mêmes substances, pour mille atomes d'oxigène, il se trouve d'atomes d'hydrogène.

Avant de passer aux importantes conclusions que l'auteur tire de ses résultats, il convient d'indiquer sommairement comment il a procédé.

D'abord, M. Karsten annonce que dans les houilles il a vainement cherché l'acide muriatique, l'iode, l'acide phosphorique et l'oxide de chrôme. La quantité de terres et d'oxide de fer, qui reste après l'incinération des houilles, c'est-à-dire leur teneur en cendre, est très-variable; telle houille ne laisse de cendre que 1 pour 100, et par conséquent moins qu'aucune espèce de bois; dans telle autre houille, la teneur en cendre s'élève au-dessus de 20 pour 100. Les terres trouvées en diverses proportions dans les cendres des houilles sont en général la silice, l'argile, la chaux et la magnésie : ces deux dernières s'y présentent ordinairement en quantité beaucoup moindre que les premières.

L'auteur fait voir par des exemples, que la détermination de la teneur en cendre, d'une houille, même d'après des échantillons choisis comme les plus purs dans une couche de ce combustible, ne peut pas, à cause de la variété infinie des circonstances locales et des accidens naturels du gisement, fournir des données qui soient concluantes à l'égard du gîte entier; mais convaincu, par plus de deux cent cinquante essais de houille, qu'il existe une différence essentielle dans la teneur en terres, des houilles de différens gîtes naturels, M. Karsten admet que la quantité qui représente la teneur en cendre, sur-tout si l'on a soin de la conclure de plusieurs échantillons de la même houille, peut toujours être considérée comme un terme moyen qui s'approche de la vérité.

A cet égard, il importe de séparer de la houille les substances étrangères qui accompagnent quelquefois ce combustible dans ses fissures; ces substances sont en général le fer pyriteux et la chaux carbonatée spathique, quelquefois la dolomie, le plomb sulfuré, le zinc sulfuré, la baryte sulfatée, le fer carbonaté, le fer oxidulé, la chaux sulfatée et l'argile siliceuse. Par suite de cette précaution que recommande l'auteur, et parce que d'ailleurs les essais en petit ne peuvent que se borner à la masse pure de la houille, il est clair qu'en petit la teneur en cendre se trouvera toujours être beaucoup moindre qu'elle ne le sera en grand. M. Karsten en conclut avec raison que, pour être en état de juger d'une houille, relativement à son emploi dans les arts, il ne suffit pas de connaître la quantité ainsi que la manière d'être du coke qu'elle fournit, et sa teneur en cendre; il faut encore indiquer avec détail l'état habituel des fissures de la houille, et noter si les surfaces de ces fissures sont nettes, ou si elles sont remplies de substances étrangères.

C'est effectivement ainsi, que l'auteur a procédé dans ses nombreux essais.

Après ces remarques générales, et beaucoup d'autres que nous sommes obligés de passer sous silence, M. Karsten décrit l'appareil dont il a fait usage pour ses onze analyses par la voie sèche, analyses qui doivent ensuite lui servir de guide, ainsi que nous l'avons déjà vu.

Cet appareil est celui que les chimistes emploient pour l'analyse des matières végétales; on sait qu'il consiste en trois tubes de verre unis par deux tubes de caoutchouc qui sont placés, l'un entre le premier tube et le second, l'autre entre le second tube et le troisième. Le premier tube, destiné à recevoir immédiatement l'action de la chaleur, contenait un mélange du corps à essayer avec du deutoxide de cuivre, préparé par le moyen du nitrate de cuivre; le second tube contenait du muriate de chaux complétement desséché; le troisième tube, destiné à recevoir les gaz, était fort étroit et gradué par une division exacte en dixièmes de pouce cube, d'après le pied du Rhin : ce dernier tube conduisait les gaz dans un appareil au mercure. La quantité des gaz développés fut réduite à la température de zéro et à la pression barométrique de 28 pouces ; leur volume fut déterminé sous ces conditions. Pour l'absorption du gaz acide carbonique, on employa l'ammoniaque caustique; quant au résidu de gaz non absorbés, le volume en fut soustrait de la masse totale de gaz après les réductions indiquées, et ce fut la différence qui fit connaître le volume réel du gaz acide carbonique; mais l'auteur ne s'est pas livré à l'examen de ce résidu. Etait-ce du gaz azote pur, ce qui ne lui paraît pas vraisemblable, ou bien était-ce un mélange d'azote avec de l'air atmosphérique et du gaz d'oxide de carbone, ou même du gaz hydrogène carboné? A cet égard, l'auteur ne peut se prononcer; cependant il pense avoir évité le dégagement de gaz d'oxide de carbone en ne remplissant point le premier tube, ou tube de décomposition, à la manière usitée. Voici les précautions particulières que M. Karsten a prises :

Le premier tube avait un diamètre de 2,5 de ligne à 2,55, et une longueur d'environ 9 pouces; il était fermé par en bas et ouvert par en haut. On commença par y introduire une certaine quantité d'oxide de cuivre, qui occupa le fond du tube; par-dessus on établit une couche du mélange d'oxide de cuivre avec la substance à décomposer, puis une nouvelle couche d'oxide de cuivre sans mélange, et ainsi de suite jusqu'à ce qu'il se trouvât dans le tube six couches de mélange, contenues entre deux couches d'oxide de cuivre qui en occupaient les deux extrémités.

Cela fait, à chacune des deux extrémités du tube, en haut comme en bas, fut placée une lampe allumée. Ce premier tube fut ainsi entretenu à une chaleur ardente par les deux bouts. De cette disposition, il résultait que la décomposition s'y opérait aussi complétement qu'il est possible, et que par conséquent on n'avait pas sujet de craindre qu'avec le gaz acide carbonique il se dégageât une quantité notable de gaz d'oxide de carbone, comme cela arrive quand on n'emploie qu'une seule lampe, même avec le secours d'un réverbère de tôle. La longueur du tube de décomposition, loin d'être un obstacle, permit au contraire d'y adapter un support simple, disposé convenablement pour l'assujettir.

Dans chacune des analyses, on employa 0,1 de gramme de la substance à décomposer, après l'avoir réduite en poudre impalpable et l'avoir desséchée à la température de l'eau bouillante. Ce 0,1 de gramme fut broyé et mélangé très-exactement avec 4 grammes de deutoxide de cuivre, complétement desséché : toutes les autres précautions d'usage furent également prises.

Dans une telle analyse, l'augmentation de poids qu'éprouve le muriate de chaux fait connaître la quantité d'eau qui s'est formée; on en conclut la quantité d'hydrogène dégagée. La quantité d'acide carbonique qui s'est formée fait connaître la quantité de carbone. A cet égard, M. Karsten admet, d'après M. Berzélius, que l'eau contient 11,06 pour 100, d'hydrogène; que le pouce cube (mesure du Rhin) de gaz acide carbonique pèse 0,035443668 de gramme, et qu'il s'y trouve 0,009797952 de gramme de carbone; ce qui revient à-peu-près à dire, avec M. Thénard, que l'acide carbonique est composé de 27,68 de carbone et de 72,32 d'oxigène en poids, ou que, relativement au volume, il se trouve dans cet acide un volume de vapeur de carbone et un volume d'oxigène condensés en un seul. (Voyez *Traité de chimie*, par Thénard, Paris, 1821, tome 1er., page 644. Le même ouvrage rapporte que l'eau est formée de 88,90 d'oxigène et de 11,10 d'hydrogène en poids, ou d'un volume de gaz oxigène et de 2 volumes de gaz hydrogène. *Ibid.*, p. 553.)

D'un autre côté, par une expérience directe de carbonisation, on détermine la teneur en charbon, de la substance analysée, pour un état parfaitement sec de cette substance. Ensuite on opère l'incinération du charbon obtenu, et l'on en conclut la quantité de cendre ou parties terreuses, qui se trouve dans un dixième de gramme de la substance analysée. Quant à la quantité d'oxigène, on la conclut par voie de différence. Pour cela, du poids employé de 0,1 de gramme, on soustrait la somme des trois quantités trouvées pour le carbone, pour l'hydrogène et pour la cendre. Le reste indique la quantité d'oxigène.

C'est ainsi que M. Karsten a opéré dans les onze essais mentionnés ci-dessus. Par exemple, l'auteur a trouvé que la houille de première qualité des célèbres mines de Newcastle en Angleterre, houille à coke boursoufflé, est composée, pour 100 parties en poids, ainsi qu'on va le voir :

Carbone.	84,263
Hydrogène	3,207
Oxigène	11,667
Parties terreus. ou Cendre.	0,863
Total. . .	100

D'où il suit que proportionnellement et abstraction faite de la teneur en terres, cette même houille, considérée alors comme un combustible pur, serait composée, pour 100 parties en poids, de

84,99 de Carbone,
3,23 d'Hydrogène,
11,78 d'Oxigène.

Total. . 100

Si l'on embrasse d'un coup-d'œil les résultats de toutes ces analyses, on remarque bientôt que le rapport de la quantité de carbone à la quantité d'oxigène et d'hydrogène, qui se trouve dans les différentes espèces de combustibles minéraux, ne décide rien relativement à la manière d'être du charbon que l'on obtient, comme résidu de leur distillation par la voie sèche; on voit la teneur en carbone s'élever de 76 jusqu'à plus de 96 pour 100.

Ainsi, dans les houilles, celles de leurs parties constituantes qui ne sont pas du carbone peuvent rester au-dessous de 4 pour 100, et cela sans que le combustible cesse de présenter les caractères non méconnaissables de la houille. On pourrait même dire que le combustible, par son apparence extérieure, s'approche d'autant plus du lignite, que sa teneur en carbone diminue davantage.

Afin de faire mieux saisir les rapports dans lesquels se trouvent l'oxigène et l'hydrogène, comparativement au carbone, dans les différentes espèces de houille, l'auteur a réuni en un tableau les substances analysées, en indiquant à l'égard de chacune d'elles combien, pour 1000 atomes de carbone, il s'y trouve d'atomes d'oxigène et d'hydrogène. Un autre tableau indique, d'après le précédent, combien, pour 1000 atomes d'oxigène, ces mêmes substances analysées contiennent d'atomes d'hydrogène.

Dans ses calculs, M. Karsten admet, d'après M. Berzélius, que le poids d'un atome d'oxigène étant représenté par le nombre. . . . 100

Celui d'un atome de carbone est exprimé proportionnellement par. . . . 75,33,

Et celui d'un atome d'hydrogène par. 6,217.

Cela posé, pour vérifier les calculs de M. Karsten, ainsi que nous l'avons fait, il suffit de se rappeler que, dans les résultats d'analyse susmentionnés, par exemple à l'égard de la houille de Newcastle, chacune des quantités trouvées, soit pour le carbone, soit pour l'hydrogène, soit pour l'oxigène, abstraction faite de la teneur en terres, représente le produit d'un nombre d'atomes par le poids d'un atome de la même substance. C'est ainsi qu'admettant, d'après M. Berzélius, les rapports sus-énoncés entre les poids des atomes, on trouve facilement les rapports qui existent entre les nombres d'atomes, soit de carbone, soit d'hydrogène, soit d'oxigène, dans tel ou tel des combustibles essayés, et par suite les résultats que M. Karsten a présentés en plusieurs tableaux.

Ici nous réunirons en un seul tableau les résultats des douze analyses sus-mentionnées et ceux des calculs subséquens de l'auteur, en y joignant, pour compléter cet ensemble, quelques détails que M. Karsten s'est contenté d'indiquer; mais nous ne changerons aucun des nombres posés par l'auteur, quoique nous trouvions quelquefois, en répétant ses calculs, de légères différences qui, ne portant au reste que sur les derniers chiffres, tiennent sans doute aux méthodes expéditives qu'il a quelquefois employées dans le calcul des décimales. (*Voyez le Tableau ci-contre.*)

D'un coup-d'œil on remarque sur ce tableau, que, dans les fibres végétales non altérées, la quantité d'oxigène et d'hydrogène l'emporte sur la quantité de carbone, au lieu que, dans le lignite et dans la houille, le rapport de ces deux gaz avec le carbone va en diminuant; mais on voit aussi que cette diminution n'a pas lieu dans un rapport qui reste le même entre l'oxigène et l'hydrogène. On arrive enfin à conclure, des faits exposés, que dans les houilles la propriété de se boursouffler plus ou moins dépend uniquement du rapport de l'hydrogène à l'oxigène, et que la teneur en carbone est à cet égard sans aucune influence. (*Voyez* CONCLUSIONS *du Tableau.*)

Ainsi, la manière d'être et la quantité du charbon que l'on obtient, comme résidu de la distillation des houilles par la voie sèche, feront deviner avec assez de certitude quelle doit être la composition de ces combustibles; mais d'un

TABLEAU CONCERNANT LA COMPOSITION DES COMBUSTIBLES MINÉRAUX.

DÉSIGNATION DES COMBUSTIBLES ESSAYÉS COMPARATIVEMENT, 1°. PAR LA CARBONISATION; 2°. PAR L'ANALYSE CHIMIQUE.				1°. CARBONISATION OU DISTILLATION PAR LA VOIE SÈCHE.							2°. ANALYSE CHIMIQUE APRÈS DESSICCATION A LA TEMPÉRATURE DE L'EAU BOUILLANTE.									
				APRÈS DESSICCATION à la température de l'air.			APRÈS DESSICCATION à la température de l'eau bouillante.				TENEUR pour 100 parties en poids.				TENEUR pour 100 parties en poids, abstraction faite de la teneur en cendre.			CONCLUSIONS.		
								Résultats proportionnels de la carbonisation ci-contre, ou Teneur pour 100 parties en poids,										1000 atomes de Carbone sont unis avec le nombre ci-dessous d'atomes de		1000 atomes d'Oxigène sont unis avec le nombre ci-dessous de
Nos. d'ordre.	COMBUSTIBLES ESSAYÉS.	LIEUX D'OÙ ILS PROVIENNENT.	Pesanteur spécifique, l'eau étant 1.	ASPECT DU CHARBON.	Charbon obtenu, pour 100 parties en poids.	Cendre provenant du Charbon ci-contre.	Perte de poids pour 100.	Charbon.	Cendre.	Charbon par différence.	Carbone.	Hydrogène.	Oxigène.	Cendre, (Nombres admis: voyez ci-dessus.)	Carbone.	Hydrogène.	Oxigène.	Oxigène.	Hydrogène.	Hydrogène.
I.	Bois de hêtre (d'après l'analyse de MM. Gay-Lussac et Thenard)....	....	....	....	....	....	....	....	....	....	....	....	....	....	51,45	5,82	42,73	625	1376	2190
II.	Bois fossile passant au lignite, c'est-à-dire au *Braunkohle* de Werner....	Brühl près Cologne......	....	Coke pulvérulent..	49,7	11,40	20,0	62,13	14,25	47,88	54,97	4,313	26,467	14,25	64,10	5,03	30,87	363	955	2620
III.	Lignite commun (Jayet) passant à la houille piciforme, dite *Pechkohle* de Werner....................	Uttweiler au nord du Siebengebirge, sur la rive droite du Rhin.........	1,2081	— pulvérulent...	68,2	0,9	5,0	71,7	0,947	70,753	77,100	2,546	19,354	1,000	77,879	2,571	19,550	181	402	2114
IV.	Houille schisteuse (*Schieferkohle* de Werner).........................	Brzenskowitz (Haute-Silésie)...............	1,3098	— pulvérulent...	53,5	2,5	13,1	61,5	2,880	58,62	73,880	2,765	20,475	2,880	76,070	2,847	21,083	209	455	2171
V.	Houille schisteuse compacte (*Dichte Schieferkohle* de Werner).........	Beuthen (Haute-Silésie)..	1,2846	— fritté.........	65,3	0,6	4,0	68,02	0,630	67,39	78,390	3,207	17,773	0,630	78,887	3,227	17,886	171	498	2901
VI.	Houille passant de la houille schisteuse à la houille piciforme.......	Wellesweiler (pays de Saarbruck)...........	1,2677	— médiocrement boursoufflé et pas trop lâche.......	65,6	1,0	2,2	67,07	1,0	66,05	81,323	3,207	14,470	1,000	82,144	3,233	14,623	146	479	3554
VII.	Houille lamelleuse (*Blätterkohle* de Werner), d'une consistance molle.	Essen et Werden, pays de la Marck, en Westphalie.	1,2757	— boursoufflé, très-gonflé......	78,6	0,1	1,5	79,79	0,10	79,69	88,680	3,207	8,113	0,000	38,680	3,207	8,113	69	441	6556
VIII.	Houille lamelleuse, ayant un éclat presque vitreux, plus dure que le N°. VII......................	*Ibidem*...............	1,3065	— fritté.........	88,5	1,0	1,2	89,57	1,0	88,56	92,101	1,106	5,793	1,000	93,030	1,117	5,853	47	146	3070
IX.	Houille lamelleuse, ayant un éclat presque vitreux, plus dure que le N°. VIII......................	*Ibid*..................	1,3376	— pulvérulent...	92,8	0,6	0,8	93,64	0,60	93,04	92,02	0,44	2,94	0,60	98,60	0,44	2,96	23	55	2400
X.	Houille compacte, dite de Kilkenny (*Kennelkohle* de Werner)........	Angleterre..............	1,1652	— boursoufflé, très-gonflé,......	51,0	0,5	1,6	51,82	0,50	51,32	74,47	5,42	19,61	0,50	74,85	5,45	19,72	199	886	4444
XI.	Houille intermédiaire entre la houille lamelleuse et la houille piciforme.	Newcastle en Angleterre.	1,2563	— boursoufflé...	68,5	0,85	1,5	69,54	0,863	68,677	84,263	3,207	11,667	0,863	84,99	3,23	11,78	104	462	4402
XII.	Houille lamelleuse, d'une consistance molle.........................	Eschweiler (pays d'Aix-la Chapelle)...........	1,3005	— boursoufflé, très-gonflé.......	81,5	1,17	0,9	82,24	1,18	81,06	89,1614	3,2070	6,4516	1,18	90,22	3,24	6,54	54	437	7965

autre côté, l'expérience nous apprend combien varient en quantité, en manière d'être, ces charbons ou cokes fournis par la distillation. En employant pour tous un même degré de chaleur, autant qu'il est possible de le faire, nous obtenons en charbon, tantôt 50, tantôt 90 pour 100. Quelquefois ces résidus en charbon sont à l'état de la poudre la plus ténue. Le plus souvent on y observe des gradations sans nombre, depuis l'état d'une matière frittée jusqu'au gonflement d'une matière boursoufflée, et presque jusqu'à l'aspect d'une écume noirâtre. On peut donc regarder comme certain, qu'à peine trouverait-on deux résidus en charbon dont la composition fût parfaitement concordante, et que tous, dans les rapports de leurs atomes entre eux, s'approcheront plus ou moins de ceux qui furent l'objet des analyses sus-mentionnées, sans que cependant on puisse jamais s'attendre à trouver une parfaite concordance des parties constituantes.

D'après cette extrême variété de composition des houilles, il est facile de voir que tous les charbons ou cokes ne conviennent pas également pour tous les usages, et que tel ou tel de ces combustibles doit être préféré. Si l'on demande quel charbon ou coke mérite la préférence en général, cette question n'est pas susceptible d'une réponse positive. Mais veut-on savoir pour quel objet déterminé tel charbon ou coke est plus susceptible d'être employé que tel autre? C'est effectivement ce dont on doit pouvoir juger d'après ses parties constituantes.

Plus la houille est riche en carbone, plus il faut qu'il se développe de chaleur dans sa combustion; car, pour se décomposer, elle exige d'autant plus d'oxigène, qu'elle contient plus de carbone. D'un autre côté, la faculté de s'allumer décroît dans le même rapport : aussi de semblables houilles ne peuvent-elles brûler qu'avec le secours d'une puissante affluence d'air. Par cet inconvénient, et parce que d'ailleurs une houille très-pauvre en oxigène et en hydrogène donne peu de flamme, l'avantage de pouvoir développer beaucoup de chaleur est comme anéanti dans les houilles à coke pulvérulent, avec grande teneur en carbone. C'est pourquoi, dans tous les cas où la caléfaction doit être opérée par le moyen de gaz qui brûlent, c'est-à-dire avec flamme, les houilles à coke pulvérulent, avec grande teneur en carbone, doivent céder le pas aux houilles à coke fritté, ainsi qu'aux houilles à coke boursoufflé, avec grande teneur en carbone.

Au contraire, ces mêmes houilles à coke pulvérulent font le meilleur service dans les cas où le combustible se trouve immédiatement en contact avec les corps à échauffer ou à fondre : par exemple, dans la cuisson de la chaux et des briques, dans le grillage des minerais, et pour souder le fer dans une forge de maréchal. Mêlées avec des houilles à coke très-boursoufflé et à grande teneur en carbone, elles seraient aussi très-susceptibles d'emploi dans les feux de flamme. Pour de telles destinations, les houilles à coke boursoufflé, ou du moins celles qui se boursoufflent très-fortement, ne conviennent pas, employées seules : c'est parce que ces houilles, en se gonflant trop sur la grille, empêchent l'accès de l'air, ou plutôt rendent difficile le dégagement de l'air décomposé, et s'opposent ainsi à l'activité du tirage.

Dans les cas où il s'agit de produire une très-forte chaleur, ces mêmes houilles ne conviendraient pas non plus, parce qu'elles donneraient une vive chaleur de fusion, qui à la vérité serait prompte, mais qui ne se soutiendrait pas. Un combustible excellent pour ce dernier objet, c'est la houille à coke fritté, soit qu'elle ait beaucoup, soit qu'elle ait peu de teneur en carbone; mais elle convient encore mieux au service du fourneau à flamme, si elle passe à la houille à coke boursoufflé.

Pour les feux ordinaires de ménage, pour les chauffes de machines à vapeur, pour le service des brasseries et des distilleries, la houille à coke boursoufflé, avec grande teneur en carbone, est celle qui convient le mieux, parce que là on n'a pas besoin d'une forte chaleur de fusion. On l'emploie aussi de préférence, dans plusieurs cas, pour souder le fer et l'acier, parce que ce combustible forme une voûte naturelle, sous laquelle on peut donner au fer la chaude suante, sans l'exposer au vent des soufflets.

La houille à coke fritté, avec une moindre teneur en carbone, est encore un excellent combustible pour développer une chaleur prompte et tout-à-la-fois soutenue. S'agit-il moins d'obtenir une forte chaleur, que de profiter complétement de la flamme? On peut encore employer très-avantageusement les houilles à coke boursoufflé avec une moindre teneur en carbone.

La houille à coke pulvérulent, avec teneur moyenne en carbone, n'est pas propre à développer une forte chaleur; elle convient encore moins pour cet objet, si la teneur en carbone est très-faible. C'est alors la plus mauvaise sorte de houille; car la chaleur qu'elle produit n'est ni prompte, ni soutenue.

Cette manière de se comporter des houilles en général peut cependant être considérablement modifiée par d'autres circonstances. Le charbon de bois minéral, qui ne manque presque jamais de s'y trouver, et qui, en sa qualité de houille à coke pulvérulent, avec une excessive teneur en carbone, est déjà très-difficile à s'allumer, le devient encore davantage par sa contexture, qui empêche l'accès de l'air. Dans les bonnes houilles, soit à coke boursoufflé, soit à coke fritté, l'obstacle qui résulte du mélange d'une grande quantité de charbon de bois minéral devient moins sensible; mais une houille à coke pulvérulent peut devenir ainsi tout-à-fait incapable de servir, parce que la masse en devient trop compacte, ce qui arrête le passage de l'air.

Un autre obstacle encore provient de la quantité de terres qui se trouve mêlée dans la masse du combustible. Une houille qui laisse beaucoup de cendre ne peut servir, ou du moins ne développe qu'une chaleur lente et faible, parce que la cendre s'oppose à l'accès de l'air. Cet obstacle se présenterait encore dans le cas où le corps même du combustible laisserait, à la vérité, peu de cendre, mais où la couche serait comme entrelardée d'argile ou de schiste. Est-ce le corps même de la houille qui se trouve très-divisé par de nombreuses fissures ou cloisons? Cette circonstance peut, s'il s'agit d'une houille à coke pulvérulent, la rendre tout-à-fait incapable de service; car une telle houille en brûlant tombe en petits morceaux, qui, loin de se coller ensemble de manière à former une masse lâche et légère, s'appliquent au contraire si pesamment les uns sur les autres, que l'air affluent n'y trouve aucun passage.

S'agit-il d'employer les houilles pour la carbonisation, afin d'en préparer des cokes ? Alors encore il faut considérer plusieurs circonstances qui peuvent faire préférer le coke de telle houille à celui de telle autre, quoique tous les deux puissent être un charbon tout-à-fait pur, c'est-à-dire quoique la pureté de tous les deux ne soit altérée que par une faible teneur en cendre. D'abord on doit avoir égard à l'état plus ou moins lâche ou léger, dans lequel se présentent les cokes obtenus des différentes houilles. Cependant les choses ne se passent pas ici comme dans ces charbons de bois que l'on obtient, soit des bois les plus durs, soit des bois les plus tendres, ou comme dans ces charbons qui proviennent, soit de la paille, soit d'autres fibres végétales, de substances enfin qui, dans leur état primitif et non troublé, sont très-lâches, très-légères. Dans les houilles, l'aspect lâche et léger du charbon est produit par la manière même dont se comportent les houilles, soit à coke boursoufflé, soit à coke fritté, au lieu que, dans les fibres de bois non altérées, ce même aspect n'est que l'effet de la densité originaire des fibres.

Ainsi, une comparaison entre la légèreté plus ou moins grande des cokes provenant des houilles et celle des charbons obtenus de fibres non encore altérées, une telle comparaison ne pourrait avoir lieu qu'à l'égard des houilles à coke pulvérulent ; mais les cokes boursoufflés sont réellement un charbon en état de demi-fusion, ce qu'indique déjà la couleur presque argentine de plusieurs de ces cokes. La grande teneur en hydrogène, des houilles à coke boursoufflé, et en même temps le faible rapport de l'oxigène à l'hydrogène produisent l'effet que voici : la houille, dans le moment où s'opère la décomposition de ce combustible, passe à un état de demi-fusion ; il en résulte que la masse, qui toute entière est amollie, et dont une partie est devenue pâteuse, se trouve soulevée par les vapeurs et les gaz qui se développent ; elle s'étend alors dans tous les sens, et souvent elle se gonfle, comme une agglomération de vésicules.

Les houilles dans lesquelles la dose d'oxigène est de beaucoup supérieure à celle d'hydrogène ne se comportent pas ainsi ; elles ne s'amollissent pas avant ou pendant leur décomposition. Ce qui avant la carbonisation ne tenait pas ensemble, parce qu'il y avait interposition de mélanges étrangers, ou seulement de minces parois, cela reste encore dans ce même état après la carbonisation, et chaque morceau isolé, qui dans une telle houille n'adhère pas immédiatement à la masse, est carbonisé pour son propre compte. Il en résulte que, selon le rapport de l'hydrogène à l'oxigène, l'état des cokes obtenus sera très-différent. Depuis ceux qui se gonflent au point de ne plus offrir à la vue que l'aspect d'une légère écume, jusqu'à ceux qui conservent l'apparence extérieure de la houille en diminuant de volume, il existe une série non interrompue de transitions.

Dans les bonnes houilles à coke fritté, le rapport de l'hydrogène à l'oxigène est encore assez favorable, pour que dans la carbonisation les fragmens de combustible, qui auparavant ne tenaient pas immédiatement ensemble, mais étaient séparés par des surfaces ou cloisons, parviennent en s'amollissant à se réunir à la masse, et à faire corps les uns avec les autres. Cet effet de la carbonisation devient sur-tout frappant si, après avoir détruit l'agrégation de la masse de houille en la pulvérisant, on en soumet la poudre à la distillation.

D'un autre côté, une houille qui a passé à l'état d'une fusion plus ou moins complète doit, à cause de ses surfaces lisses et pour ainsi dire demi-vitrifiées, s'allumer plus difficilement qu'une houille non fondue qui présente des surfaces raboteuses : c'est effectivement ce qu'on observe dans l'incinération des cokes ; car les cokes boursoufflés, étant placés sous la moufle d'un fourneau d'essai, exigent, pour leur entière combustion, une plus haute température, ou plus de temps à température égale, que les cokes frittés, et à plus forte raison que les cokes pulvérulens. Par la même cause encore, le coke obtenu du charbon de bois minéral, dit *Faserkohle*, se laisse plus promptement réduire en cendre sous la moufle, que le coke boursoufflé d'une houille de cette troisième classe ; mais les choses se passent tout autrement lorsqu'une masse de cokes, amoncelés en tas, doit brûler à l'aide d'un courant d'air, soit naturel, soit artificiel, et non pas être consumée peu à peu par l'action de l'air ardent qui opère sur la surface du combustible, comme cela a lieu sous la moufle. Les cokes boursoufflés entretiennent la masse dans un tel état de foisonnement, à cause de l'augmentation de leur propre volume, que le passage de l'air décomposé n'est pas un seul instant troublé ni interrompu.

Les cokes frittés forment déjà une masse plus compacte et plus ferme. Quant aux cokes pulvérulens, soit que, dès le commencement de l'opération, ils fussent déjà réduits en petits morceaux, soit que, dans la combustion qui s'opère peu à peu, ils diminuent de volume, tous les interstices sont tellement obstrués, que l'air décomposé ne trouve plus aucune issue ; alors, la combustion se trouve arrêtée, non par défaut d'accès de l'air, mais par cessation du courant d'air. La poussière de charbon de bois, qui, ainsi que tout corps exactement appliqué sur le feu, s'oppose à l'accès de l'air, et convient par conséquent pour produire l'extinction, cette poussière, disons-nous, si elle était amoncelée en grande masse, ne brûlerait que difficilement, malgré la plus vive affluence d'air. D'après cette manière de se comporter, elle pourrait prétendre à passer pour une anthracite.

Quels que soient les motifs de préférence qui viennent d'être exposés en faveur des houilles à coke boursoufflé, une semblable houille peut, dans certains cas et pour certains objets, n'être pas susceptible d'emploi; les cokes trop fortement boursoufflés, s'ils sont amoncelés en gros tas, tombent en miettes, et c'est en partie à cause de leur poids. Cette réduction en petits fragmens s'accroît encore si les cokes doivent être brûlés dans des fourneaux à cuve, où ils se trouvent stratifiés avec les substances qu'il s'agit de fondre ou de réduire. Ainsi, les houilles à coke très-boursoufflé ne fournissent pas un combustible qui convienne au traitement du minerai de fer dans le haut-fourneau ; mais dans les cas où la pression est moins considérable, où par conséquent il n'y a pas lieu de redouter beaucoup la réduction des cokes en petits fragmens, on peut les employer, même pour le service des fourneaux à cuve, tels que fourneaux à la Wilkinson, fourneaux à manche, demi-hauts-fourneaux ; alors, ces cokes font toujours le meilleur service. En général, c'est l'état d'agrégation lâche, ou la légèreté des cokes, qui décide entièrement de leur emploi dans les fourneaux à cuve.

Une houille à coke boursoufflé, quand elle passe à la houille à coke fritté, fournit un excellent combustible pour le travail des hauts-fourneaux à fondre le minerai de fer; mais des houilles à coke boursoufflé, qui ne se gonfleraient pas beaucoup, seraient les plus convenables de toutes pour cet objet. Une houille à coke fritté ne doit pas avoir trop de joints naturels, parce que, dans la carbonisation, elle se réduirait en trop petits morceaux; enfin, une houille à coke pulvérulent ne peut pas être employée si elle ne se présente pas en grandes masses, qui tenant ensemble puissent, dans la carbonisation, former de gros morceaux de coke.

Une houille qui se boursouffle un peu est donc toujours préférable à celle qui ne fait que se fritter, et encore plus à celle qui fournit un coke pulvérulent ; car, si la première présente des fissures naturelles, sa propriété de se boursouffler en détruit le mauvais effet, et même, dans cette houille, les solutions de continuité, les cloisons de charbon de bois minéral et de mélanges étrangers, que sa masse peut présenter, cessent en grande partie d'être nuisibles, à cause du boursoufflement.

Dans les houilles à coke fritté, et sur-tout dans les houilles à coke pulvérulent, la fréquence des fissures, qui, même sans qu'il y ait des joints réels, peut résulter du seul défaut d'homogénéité dans la masse, est un inconvénient qui suffit déjà pour rendre ces combustibles tout-à-fait incapables d'être convertis en coke.

Une excessive teneur en cendre peut aussi devenir un obstacle à ce que les cokes soient employés dans le travail des fourneaux à cuve; elle s'y opposera d'autant plus, que les cokes seront moins légers, ou qu'ils se réduiront plus en miettes dans le fourneau. C'est parce qu'alors la cendre augmente la difficulté de la combustion, et enveloppe la surface des cokes avant d'être amenée à se fondre. Cette difficulté de fusion, qui résulte d'une forte teneur en cendre, fait que la masse fondue reste pâteuse. Il suit de là non-seulement que l'air traverse difficilement une telle masse, mais encore qu'une partie de l'effet des cokes incandescens doit être employée à fondre la cendre.

Pour obtenir des cokes, ainsi que cela se pratique, par le moyen des menus débris que fournit, dans les mines, le dépouillement des couches de combustible, on ne peut évidemment faire usage que des houilles à coke boursoufflé. Ces cokes sont quelquefois très-sujets à tomber en miettes, soit à cause de la nature propre de la masse, soit à cause d'un mélange accidentel de schiste, d'argile ou d'autres substances étrangères, qui, par l'effet de la carbonisation, se trouvent enfermées dans la masse, et par suite donnent lieu à ce que, sous une forte pression, ces mêmes cokes s'émiettent plus facilement. Alors ils deviennent tout-à-fait incapables de service pour la fusion du minerai de fer dans les hauts-fourneaux. Il y a plus : l'abondance des mélanges étrangers, que le combustible doit aussi amener à la fusion, rend ces cokes peu propres à être employés dans les fourneaux-bas à cuve, dits communément fourneaux à manche.

Au contraire, des cokes préparés avec les menus débris d'une houille à coke boursoufflé, quand celle-ci est tout-à-fait pure et aussi exempte qu'il est possible de mélanges étrangers, peuvent faire le même service que feraient des cokes provenant de cette houille, si elle était en gros morceaux. Il pourrait arriver cependant, que des cokes provenant de houille en gros morceaux présentassent plus de fermeté, que ceux qui résulteraient de menus débris. Alors par conséquent, les premiers seraient moins exposés à s'émietter dans les fourneaux à cuve, du moins dans de très-hauts-fourneaux et sous une forte pression de minerais.

Si l'on carbonise des houilles pyriteuses, les cokes qui en résultent contiennent en général d'autant plus de soufre, qu'il se trouve plus de fer pyriteux dans la masse du combustible; mais M. Karsten assure que, jusqu'à présent, il n'a pas reconnu que le mélange d'une grande quantité de pyrite ait rendu une houille incapable d'être convertie en coke, et les cokes qui en provenaient incapables d'être employés dans les travaux métallurgiques, par le motif que leur teneur en soufre aurait exercé une influence trop désavantageuse sur la qualité du produit à obtenir. Suivant l'auteur, c'est un inconvénient, désagréable sans doute; mais ce n'est pas un motif d'exclure entièrement les houilles pyriteuses de la préparation des cokes pour les besoins métallurgiques.

Il n'en est pas de même relativement à l'éclairage par le gaz. Lorsque la pureté de la houille est très-altérée par la présence du fer pyriteux, cet inconvénient peut s'opposer à tout emploi d'un semblable combustible, si l'objet qu'on se propose est de le distiller par la voie sèche, pour en obtenir du gaz propre à l'éclairage; car, en pareil cas, il se dégagerait une trop grande abondance de gaz hydrogène sulfuré. Ainsi qu'on le voit déjà par la composition des différentes sortes de houille, l'emploi d'une houille pour cet objet ne dépend uniquement, ni de sa teneur en carbone, ni de sa teneur en hydrogène; cet emploi dépend des rapports qui se trouvent, dans la houille, entre le carbone, l'hydrogène et l'oxigène considérés ensemble. Une houille très-riche en carbone, dans laquelle le rapport de l'oxigène à l'hydrogène est aussi faible qu'il peut l'être, sera très-susceptible d'emploi pour l'éclairage; elle donnera du gaz de très-bonne qualité, quoique peu abondant. Que la teneur en carbone diminue et que la teneur en hydrogène augmente, il n'en résulte pas qu'une houille soit plus propre à l'éclairage, si avec la diminution de teneur en carbone, il n'y a pas un accroissement du rapport de l'hydrogène à l'oxigène, ou bien encore si ce rapport reste le même.

M. Karsten fait ainsi qu'il suit l'application de

ses principes aux combustibles dont il a présenté l'analyse chimique. (*Voyez le Tableau cidessus*, page 38.)

Parmi les houilles de Wellesweiler, près Saarbruck, n°. VI, du pays d'Essen en Westphalie, n°. VII, et de Newcastle en Angleterre, n°. XI, dont la première et la troisième présentent une teneur un peu plus grande en hydrogène que la seconde, c'est la houille d'Essen, n°. VII, qui convient le mieux pour l'éclairage, tandis que la houille de Wellesweiler, n°. VI, celle des trois qui contient le plus d'hydrogène, est celle qui convient le moins pour le même objet. La houille de Beuthen, n°. V, y est encore moins propre, et celle de Brzenskowitz en Silésie, n°. IV, ainsi que les deux sortes de houille indiquées par les n°s. VIII et IX du tableau, sont très-mauvaises pour l'éclairage.

Au contraire, la houille de Kilkenny, n°. X, doit obtenir la préférence sur toutes les autres, non pas à cause de sa teneur absolue en hydrogène, teneur qui n'atteint même pas celle du bois, mais parce qu'il s'y trouve en même temps un grand rapport de l'hydrogène à l'oxigène. C'est donc ce rapport, et ce n'est pas la quantité absolue du carbone considéré seul, non plus que la quantité de l'hydrogène ou de l'oxigène, qui, dans une houille, détermine son application à l'éclairage par le gaz. La houille de Kilkenny, n°. X, contient 19 pour 100 d'oxigène, et la houille de Wellesweiler, n°. VI, en contient moins de 15; cependant la première est peut-être une fois plus convenable que la seconde pour l'éclairage par le gaz.

Il est une substance que l'on rencontre toujours dans les formations de houille, et jamais dans les formations de lignite. Nous en avons déjà fait mention : c'est le charbon de bois minéral, combustible pulvérulent et d'une structure fibreuse, que les Allemands nomment *Faserkohle*, et que l'on a quelquefois nommé Anthracite, parce qu'on le regarde communément comme très-difficile à brûler. Cette substance est interposée dans la houille en lits tout-à-fait distincts, souvent très-minces, et toujours parallèles à la stratification des couches. Par un grand nombre d'essais, M. Karsten a reconnu que, dans cette substance, la teneur en charbon est plus grande que dans la houille qui provient de la même couche; il regarde comme certain que le charbon de bois minéral a contribué à la formation de la houille, et qu'une grande partie de cette dernière consiste dans cette même fibre végétale d'où résulta le charbon de bois minéral, conservé dans les empreintes de la houille. Le charbon de bois minéral, ajoute-t-il, est une seule et même substance avec la houille. Cela est si vrai, qu'on ne peut reconnaître que par les empreintes végétales, qui sont restées dans le combustible, la préexistence des fibres de plantes qui, dans l'état d'isolement, formèrent le charbon de bois minéral; mais, suivant l'auteur, le charbon de bois minéral n'est pas, à beaucoup près, d'une combustion aussi difficile qu'on le pense communément. Sous la moufle d'un fourneau d'essai, cette substance brûle avec une forte flamme, ce qui prouve qu'elle est très-éloignée de l'état de charbon pur. Le résidu en charbon qu'elle donne, à la distillation par la voie sèche, est incomparablement plus facile à brûler que les cokes boursoufflés de la houille.

A la vérité, dans l'ouvrage d'un haut-fourneau, le charbon de bois minéral, quand il s'y trouve entassé, résiste à l'action des machines soufflantes les plus actives ; il reparaît au sortir du fourneau sous l'aspect d'une poudre fine de charbon, que l'on nomme Poussier ; il semble alors n'avoir subi aucune altération ; mais le même effet aurait lieu si l'ouvrage du haut-fourneau était rempli de poussière de charbon de bois. C'est l'état pulvérulent qui fait agir le charbon de bois minéral comme s'il était incombustible, et qui, dans mainte circonstance, le rend dangereux pour le travail du haut-fourneau à fondre le fer. Les cokes eux-mêmes, en très-petits morceaux entassés et foulés les uns sur les autres, produisent un effet analogue, quoique moins complet.

La même différence que l'on observe dans la composition des houilles, on la retrouve dans celle du charbon de bois minéral. Quand ce charbon de bois se présente isolé entre les autres parties de la houille, il ne diffère de celle-ci que par une teneur en carbone, qui est beaucoup plus grande; mais sa composition se règle sur les rapports qui existent entre les parties constituantes de la masse de houille dans le sein de laquelle il se trouve interposé. Cela prouve que les mêmes circonstances furent en jeu pour la formation de l'une et de l'autre substance, mais que le charbon de bois minéral achevait plus promptement de se former, ce dont on ne peut chercher la cause que dans la nature originaire des fibres végétales.

M. Karsten présente dans un tableau les résultats de quelques-uns des essais comparatifs auxquels il a soumis le charbon de bois minéral et la houille, provenant l'un et l'autre d'un seul et même point des mines. Voici quels furent les résultats de la distillation par la voie sèche, pour 100 parties de chacune des deux matières.

Nos. d'ordre.	LIEUX d'où proviennent les échantillons essayés.	CHARBON DE BOIS MINÉRAL.			HOUILLE des mêmes points.	
		Résidu en Charbon, pour 100 parties.	Cendre provenant du résidu en Charbon, pour 100 parties.	Reste en Charbon pur, pour 100 parties: Teneur en carbone.	Résidu en Charbon, après défalcation faite de la cendre, pour 100 parties : Teneur en carbone.	
1	Mine de Glücksburg, près Ibbenbühren..	96	2,8	93,2	87,9	Coke pulvérulent.
2	Autre mine, (*ibid.*).	95,3	2,2	93,1	81	Coke boursoufflé.
3	Mine du cercle de Westphalie........	97,4	1,66	95,74	91,4	Coke pulvérulent.
4	Mine des environs de Waldenburg (Basse-Silésie)...........	91,9	3,95	87,95	59,8	Coke boursoufflé.
5	Mine de Königsgrube (Haute-Silésie)....	89,85	7,55	82,30	63,2	Coke fritté.
6.	Mine de Pottschapel, près Dresde.......	79,33	1,3	78,03	41	Coke boursoufflé

TABLEAU CONCERNANT LES PRINCIPALES VARIÉTÉS DE HOUILLE DE LA PRUSSE.

(Voyez les échantillons de ces houilles et cokes, dans la Collection de l'École royale des Mines.)

Numéros d'ordre.	DÉSIGNATION DE LA HOUILLE d'après la carbonisation.	LIEUX d'où proviennent LES HOUILLES ci-contre.	PESANTEUR spécifique, l'eau étant 1.	QUANTITÉ DE Coke pour 100 de houille en poids.	Charbon contenu dans le coke ci-contre.	Cendre obtenue du coke ci-contre.	ANALOGIE DE COMPOSITION AVEC LES HOUILLES DES NUMÉROS CI-DESSOUS (voyez page 38).	OBSERVATIONS SUR LES HOUILLES DÉSIGNÉES DANS LES PREMIÈRES COLONNES CI-CONTRE.
1	Houille à coke boursouflé....	Sabrze (Haute-Silésie)	1,28484	68,1	66,2	1,9	N°. VI, Wellesweiler, pays de Saarbruck.	Aspect lamelleux passant à l'aspect de la poix; houille qui contient quelques lits minces de charbon de bois minéral. Si elle n'avait pas la propriété de se boursoufler, elle ne pourrait être convertie en coke; mais cette propriété en fait une des meilleures houilles de la Haute-Silésie.
2	— fritté.........	Czernitz (*ibidem*)....	1,2736	66.5	64,95	1,55	N°. V, Kœnigsgrube près Beuthen....	Aspect éclatant; houille très-fendillée, ce qui la rend impropre à être convertie en coke; mais elle convient pour le feu de flamme.
3	— pulvérulent....	Zalenze (*ibid.*).......	1,3172	67,5	65,08	2,42	N°. IV, Brzenskowitz, Haute-Silésie...	Mélange de plusieurs variétés de houille, tantôt éclatantes et noires, tantôt mattes et pâles; houille fendillée: il s'y trouve des lits de charbon de bois minéral; elle n'est pas susceptible d'être convertie en coke; c'est en général, une des plus mauvaises houilles du canton.
4	— boursouflé....	Waldenburg (Basse-Silésie).........	1,3043	67,5	65,0	2,5	N°. VI.........................	Aspect lamelleux passant à l'aspect schisteux; cette houille est peu fendillée; mais elle présente intérieurement des surfaces lisses avec des rayons divergens; elle est très-propre à être convertie en coke.
5	— fritté.........	Fuchsgrube (*ibid.*)...	1,3251	70.0	64,8	5,2	Entre IV et V......................	Mélange de houilles plus ou moins éclatantes; aspect lamelleux, passant à l'aspect schisteux. La couche de houille est divisée en bandes par des lits de charbon de bois minéral. La houille est très-fendillée, très-fissurée; elle ne convient nullement pour la conversion en coke.
6	— pulvérulent....	(*ibid.*)...........	1,3782	59.1	57,0	2,0	N°. IV.........................	Houille très-fendillée qui tombe en miettes. Ce n'est qu'un poussier de houille, qui ne saurait être converti en coke.
7	— pulvérulent....	Abendroethe (*ibid.*)..	1,3114	81,0	76,8	4,2	Entre IV et IX....................	Aspect éclatant; houille très-fissurée; la couche est divisée en bandes par des lits de charbon de bois minéral; cette houille est impropre à être convertie en coke.
8	— boursouflé....	Wettin (Saale)......	1,4995	79.98	62,98	17,0	N°. XI, Newcastle, pour le rapport de l'hydrogène à l'oxigène, et N°. VII, Essen, quant au rapport du carbone à l'oxigène et à l'hydrogène........	Aspect lamelleux; houille éclatante, plus ou moins fendillée, qui souvent, à cause des impuretés entassées dans les fissures du combustible, prend l'aspect d'une houille compacte. Quelquefois la teneur en cendre s'y élève jusqu'à 29,4 pour 100; elle y est en général au moins de 5 pour 100. C'est un grave inconvénient pour l'emploi des cokes dans les fourneaux à cuve.
9	— fritté.........	Loebejün (*ibid.*)......	1,4319	89,5	80,0	9,5	N°. VIII, Essen, sauf qu'ici le rapport du carbone est un peu moindre.	Aspect lamelleux; houille plus ferme et plus dure que celle de Wettin, N°. 8. Elle est fendillée; mais ce qui la rend sur-tout impropre à être convertie en coke, c'est la teneur en cendre, qui s'élève quelquefois à 20 pour 100.
10	— boursouflé....	Sulzbach-Duttweiler (pays de Saarbruck.).	1,25557	68.2	67,65	0,55	N°. VI, Sauf qu'ici le rapport de l'hydrogène à l'oxigène est peut-être un peu plus fort....................	Aspect schisteux avec plus ou moins d'éclat; très-faibles lits interposés de charbon de bois minéral, qui le plus souvent fait corps avec la houille, en s'y confondant; houille éminemment propre à être convertie en coke, et d'ailleurs très-convenable pour tout service, comme la plupart des houilles de ce pays, lesquelles en général, avec une teneur moyenne en carbone, ont une faible teneur en cendre.
11	— pulvérulent....	Geislautern (*ibid.*)....	1,3279	62,1	58,2	3.9	Entre IV et V......................	Mélange de houille d'un aspect éclatant et de houille d'un aspect mat, qui contient fréquemment des lits interposés de charbon de bois minéral; houille très-fendillée, dont les fissures sont remplies de mélanges étrangers. Le premier de ces inconvéniens suffirait déjà pour la rendre impropre à la conversion en coke; mais elle convient pour le chauffage ordinaire.
12	— pulvérulent, presque nul...	Bardenberg (pays d'Aix-la-Chapelle)	1,3517	94,2	92,3	1.9	N°. IX, Essen.....................	Aspect d'un éclat vitreux; houille dure et ferme, quelquefois schisteuse; elle brûle difficilement; elle pourrait convenir à la conversion en coke, si ce n'était que, vu la forte chaleur qu'exigerait la carbonisation de cette houille, où le rapport de l'oxigène et de l'hydrogène est très-faible, elle serait trop attaquée par le courant d'air qui la ferait brûler, pour que toute sa masse pût se convertir en coke.
13	— très-boursouflé.	Eschweiler (*ibid.*)...	1,3045	81,3	79,55	1,75	N°. VII, Essen, ou XII, Eschweiler...	Aspect d'un noir intense; houille peu ferme et peu dure, dont la masse est homogène, mais très-fendillée, très-divisée par des lits de charbon de bois minéral. La propriété de se boursoufler, jointe à une forte teneur en carbone, range cette houille parmi les meilleures de la Prusse. Sans cette propriété, elle serait peu susceptible d'emploi.
14	— boursouflé.....	Essen (la Mark).....	1,2757	78,6	78,5	0,1	N°. VII, Essen....................	
15	— boursouflé, passant au coke fritté	Werden (*ibid.*).......	1,3277	89,1	88,4	0,7	Entre VII et VIII.................	Aspect éclatant: houille compacte, homogène et de très-bonne qualité. En général, dans les houilles de cette contrée, qui toutes conviennent pour le feu de flamme, la faculté de fournir des cokes en morceaux, d'un volume suffisant, dépend de leur manière d'être quant aux fissures et au charbon de bois minéral, qui s'y trouvent avec plus ou moins d'abondance.
16	— pulvérulent....	(*ibid.*)...........	1,3376	92,8	92,2	0,6	N°. IX..........................	
17	— fritté.........	Hoerden (*ibid.*)......	1,31195	80,5	78,8	1,7	Entre V et VIII....................	
18	— boursouflé.....	Glücksburg (pays de Tecklenbourg-Lingen)	1,2970	86,7	83,6	3,1	N°. XII, pour le carbone, et quant au rapport de l'hydrogène à l'oxigène, entre les N°s. VI et VII.	Aspect éclatant; houille homogène, mais très-peu ferme, très-fendillée, très-abondante en charbon de bois minéral. Si elle n'avait pas la propriété de se boursoufler, elle serait peut-être incapable de tout service; mais cette propriété en fait une houille excellente, dont les cokes sont de la meilleure qualité pour le travail des fourneaux à cuve. (*Voyez* Eschweiler ci-dessus, N°. 13.)
19	— pulvérulent....	Buchhotz (*ibid.*).....	1,3657	94,7	89,3	5,4	Près de N°. IX, sauf qu'ici le rapport du carbone à l'oxigène et à l'hydrogène est moindre.	Aspect éclatant; houille ferme et dure, dans laquelle abondent le charbon de bois minéral et l'argile schisteuse. C'est un combustible très-médiocre, même pour les foyers de ménage.
20	— boursouflé....	Frotheim (pays de Minden)........	1,5167	91,7	84,5	7,2	Près de N°. IX.....................	Aspect éclatant qui s'approche de l'éclat métallique; houille très-fendillée; ses fissures sont remplies de petits cristaux d'une substance blanche. Cette houille brûle sous la moufle avec une faible flamme bleuâtre. Sa cendre contient beaucoup de chaux, et ses cokes un peu de soufre. C'est un combustible de la plus mauvaise qualité.

On sait que, dans la distillation par la voie sèche, les houilles à coke boursoufflé, vu leur plus grande teneur en hydrogène, donnent toujours moins de charbon, à proportion, que celles des houilles, soit à coke fritté, soit à coke pulvérulent, qui ont réellement la même teneur en carbone que les premières. En se rappelant ce fait, on voit, par le tableau qui précède, que la teneur en carbone du charbon de bois minéral se règle entièrement sur la nature de la houille au sein de laquelle il se présente (1). Par exemple, de même que les nos. 1 et 2 du tableau portent l'un et l'autre le nombre 93 pour le reste en charbon pur, obtenu du charbon de bois minéral, le tableau porterait, au sujet de la houille des mêmes points, le nombre 87,9 de coke, aussi bien dans le no. 2 que dans le no. 1, si, dans les deux cas, la houille avait fourni un coke pulvérulent; mais, dans le second cas, la houille a fourni un coke boursoufflé, coke toujours moins abondant lorsqu'il y a égalité de teneur en carbone. Voilà pourquoi dans le no. 2, il n'y a que 81 de ce résidu en charbon, que l'on appelle coke. Le même raisonnement peut s'appliquer aux autres numéros du tableau.

On y remarque en outre, que, dans le charbon de bois minéral, la teneur en carbone varie de 78,03 à 95,74 pour 100; tandis que, pour les houilles des mêmes points (nos. 6 et 3), cette teneur varie de 41 en coke boursoufflé à 91,4 en coke pulvérulent. M. Karsten en conclut que le charbon de bois minéral contient souvent beau-

(1) Il paraît nécessaire de développer, par cet exemple, la pensée de l'auteur.

coup moins de carbone, que mainte houille. L'état pulvérulent du résidu que fournit la carbonisation du premier indique suffisamment, continue l'auteur, que, dans le charbon de bois minéral, la dose d'oxigène doit l'emporter de beaucoup sur celle d'hydrogène; enfin, l'examen du charbon de bois minéral lui paraît prouver que, dans la formation des houilles, quelques parties des fibres végétales avançaient plus rapidement que d'autres vers la carbonisation.

M. Karsten expose ensuite des considérations propres à fournir les moyens de deviner, en quelque sorte, la composition et les propriétés des houilles à leur seul aspect. Voici les principales idées de l'auteur :

Ce n'est que dans les houilles très-riches en carbone, que l'on remarque une certaine homogénéité de la masse. Toutes les houilles à faible teneur en carbone consistent en un mélange de charbons qui sont, les uns riches, les autres pauvres en carbone.

Quand une masse de houille se trouve interrompue, soit par des lits alternatifs de combustible plus riche ou plus pauvre en carbone, soit par des parois de fissures, soit par des lits interposés de charbon de bois minéral, ces circonstances peuvent souvent décider de l'emploi de cette houille pour tel ou tel objet. C'est d'après cette considération importante, de la manière d'être d'une masse de houille, que les minéralogistes ont distingué différentes sortes de ce combustible par des noms qu'il suffira de rappeler ici :

Houille piciforme, ayant l'éclat de la poix (*Pechkohle*) ;

Houille schisteuse (*Schieferkohle*);
— compacte, ou de Kilkenny (*Kennelkohle*);
— lamelleuse (*Blœtterkohle*);
— scapiforme (*Stangenkohle*);
— grossière (*Grobkohle*).

Une alternation de lits de houilles, les unes plus riches, les autres plus pauvres en carbone, avec de fréquentes interpositions, soit de fissures, soit de cloisons, ou même une alternation souvent répétée de lits très-minces de charbon de bois minéral, qui divisent la masse du combustible, voilà ce qui fait dire, tantôt qu'une houille est schisteuse, tantôt qu'elle est lamelleuse, tantôt qu'elle passe de la houille schisteuse à la houille lamelleuse, selon que de tels effets sont moins ou plus nombreux. Si la disposition de la substance combustible en lits plus épais paraît demeurer constante à la simple vue, une houille riche en carbone, houille qui présente alors l'éclat de la poix et la cassure conchoïde, on la nomme houille piciforme, tandis qu'une houille pauvre en carbone et d'un aspect mat, on la nomme houille compacte de Kilkenny. Ces deux sortes de houille, l'une riche et l'autre pauvre, lorsqu'elles sont intimement unies l'une avec l'autre, et non pas disposées en lits alternatifs, figurent dans les méthodes minéralogiques sous la dénomination de houille grossière.

Si l'on veut attacher assez d'importance aux séparations de la masse du combustible pour en faire la base d'une classification des houilles, on peut sans doute continuer d'agir ainsi; mais alors il ne faut pas espérer que le nom donné au corps qu'il doit désigner en présente aux yeux une image exacte. Une houille schisteuse peut différer autant d'une houille de ce même nom, que diffèrent entre elles deux houilles piciformes, ou deux houilles compactes de Kilkenny; et celles-ci ne se montrent concordantes l'une avec l'autre, qu'à certains égards, tandis que, sous d'autres rapports, elles sont bien plus éloignées l'une de l'autre, qu'une houille lamelleuse ne l'est d'une houille piciforme, ou qu'une houille schisteuse ne l'est d'une houille compacte. La couleur, l'éclat, la fermeté et la dureté du combustible, telles sont ordinairement les seules propriétés desquelles on tire les caractères extérieurs et distinctifs des houilles; car la pesanteur spécifique est à cet égard un guide incertain, à cause des mélanges accidentels; mais ces propriétés elles-mêmes semblent ne pas suffire, si l'on demande qu'avec les caractères extérieurs la nature intime et la composition des houilles soient tout-à-la-fois déterminées; cependant la véritable difficulté gît uniquement en ce que la houille est presque toujours un mélange d'au moins deux sortes différentes, que l'on considère comme un tout homogène; mais ce n'est pas que la houille fasse exception à cette loi générale, qui veut que la composition chimique d'un corps inorganique se manifeste par ses propriétés extérieures.

Un noir intense, joint à un vif éclat ainsi qu'à une dureté considérable, voilà ce qui, dans les houilles, annonce toujours qu'elles contiennent beaucoup de carbone, et que l'oxigène y domine sur l'hydrogène. L'espèce de l'éclat détermine le rapport du carbone aux deux autres parties constituantes. L'éclat de la poix indique une moindre teneur en carbone; le passage de cet éclat à l'éclat vitreux en indique une plus grande. Le noir, un vif éclat, avec peu de fermeté et de dureté, caractérisent les houilles riches en carbone, dans lesquelles s'est accru le rapport de l'hydrogène à l'oxigène; le noir, un aspect mat, une fermeté marquée, avec une certaine dureté, tels sont les signes indicatifs d'une houille moins riche en carbone, dans laquelle la dose d'oxigène l'emporte de beaucoup sur celle d'hydrogène. La couleur devient-elle d'un brun noirâtre? Cela signifie que le rapport de l'hydrogène à l'oxigène s'est accru. En même temps que le noir devient moins intense, la houille offre-t-elle un aspect plus mat et une dureté moindre, sa fermeté restant la même? C'est que le combustible contient encore moins de carbone, en même temps que la dose d'oxigène l'emporte sur celle d'hydrogène.

Veut-on, d'après ce qui précède, déterminer positivement la nature d'une houille? Il paraît suffisant d'indiquer si la masse est homogène, ou non, et comment se comportent la couleur, l'éclat, la fermeté et la dureté. En cas de besoin, la carbonisation fera connaître la quantité et la manière d'être du résidu en charbon; elle achèvera ainsi de révéler la composition du combustible.

Quant à la pesanteur spécifique des houilles, elle offre peu de moyens de les caractériser, non-seulement à cause des mélanges accidentels, mais à cause de toutes les circonstances variables qui accompagnèrent leur formation. A la vérité, les houilles très-riches en carbone ont ordinairement une grande pesanteur spécifique; mais ce n'est que dans les cas où l'oxigène y prédomine sur l'hydrogène. Si la dose de ce dernier augmente, alors les houilles très-riches en carbone offrent souvent une pesanteur spécifique beaucoup moindre, que les combustibles dans lesquels la teneur en carbone est faible. On peut admettre comme une règle générale, qu'à égalité de teneur en carbone, les combustibles minéraux qui ont la moindre pesanteur spécifique sont toujours ceux dans lesquels le rapport de l'hydrogène à l'oxigène est le moindre qu'il se peut.

M. Karsten termine ses recherches générales sur les combustibles minéraux par un examen de l'anthracite et du graphite, aussi nommé *Plombagine.*

L'auteur pense que les combustibles connus sous la dénomination d'Anthracite, soit de Schœnfeld, soit de Lischwitz en Saxe, soit de Visé près Liége, ne sont autre chose qu'une houille qui présente une très-grande teneur en carbone. Il est porté à soupçonner que le graphite et la véritable anthracite, celle de Rhode-Island, furent originairement des substances analogues à la houille; mais que dans ces substances la désunion des parties constituantes de la houille est tellement avancée, qu'aujourd'hui ces mêmes substances sont presque toutes parvenues à l'état de charbon pur. Des expériences auxquelles M. Karsten s'est livré à cet égard, il conclut que l'on regarde à tort le graphite naturel comme un carbure de fer, et qu'il ne faut pas confondre cette substance avec le graphite que l'on obtient artificiellement dans le travail des hauts-fourneaux. Cette dernière substance, dit l'auteur, se rapproche beaucoup plus de l'anthracite par son éclat, par sa dureté, par sa résistance à la combustion, que du graphite naturel. Les deux espèces de graphite n'ont peut-être été confondues en une seule, que parce qu'elles ont l'une et l'autre la propriété de tacher les doigts. Peut-être le graphite des hauts-fourneaux, par la force de son éclat, par la difficulté de sa combustion, offre-t-il une transition de l'anthracite et du graphite naturel au diamant.

D'après les recherches de l'auteur, le graphite naturel de Borrowdale, en Angleterre, contient tout au plus 15 pour 100, de parties terreuses qui consistent en silice, argile, oxide de fer, oxide de manganèse, magnésie et oxide de titane, avec une trace de chrôme et de chaux; mais la teneur en oxide de fer ne s'élève jamais au-dessus de 2,75 pour 100. Ainsi dans 100 parties de graphite il se trouverait tout au plus 1,9 pour 100 de fer métallique, au lieu qu'ordinairement on regarde cette substance comme composée de 95 parties de charbon et de 5 de fer.

Le graphite naturel n'est donc plus un carbure, pour M. Karsten; c'est un charbon dont la pureté se trouve altérée par un mélange accidentel de roches qui contiennent du fer. L'auteur en conclut que désormais il ne faut plus chercher à expliquer les différences qui existent entre le graphite naturel, l'anthracite, le diamant et le graphite artificiel, par la teneur en fer, que l'on observe dans la première et dans la dernière de ces substances. Avouons plutôt, ajoute-t-il, que nos connaissances ne suffisent pas encore pour nous dévoiler la cause des phénomènes si différens que présentent ces substances à l'égard de la lumière, et pour expliquer les différences de leurs autres propriétés physiques.

3°. *Application des principes exposés, aux mines de houille de la Prusse, et coup-d'œil sur celles de la France.*

Après avoir ainsi terminé ses recherches générales sur les combustibles, M. Karsten passe à la partie spéciale de son ouvrage, c'est-à-dire à l'application qu'il fait de ses principes aux nombreuses mines de houille que possède la Prusse. Ces mines sont divisées en neuf arrondissemens, qu'il nous suffira de rappeler par les noms des contrées où ils existent. On exploite la houille en Prusse :

1°. Dans la Haute-Silésie, aux environs de Beuthen ;

2°. Dans la Basse-Silésie, auprès de Waldenburg ;

3°. Dans le cercle de la Saale, auprès de Wettin ;

4°. Dans le pays de Saarbruck ;

5°. Dans le canton de Bardenberg, au nord d'Aix-la-Chapelle ;

6°. Dans le pays d'Eschweiler, non loin de Juliers ;

7°. Dans les pays de la Mark et d'Essen, vers le sud du pays de Münster ;

8°. Dans le pays de Tecklenbourg-Lingen, au nord du pays de Münster ;

9°. Dans le pays de Minden, auprès du pays de Schaumburg, sur la rive gauche du Weser.

On peut estimer que l'ensemble de ces exploitations fournit annuellement environ 10 millions de quintaux métriques de houille. (Voyez

Richesse minérale, tome 1er., pages 388, 404 et 443. Paris, 1810.)

M. Karsten expose toutes les circonstances géognostiques de chacun des gites de houille, que possède la Prusse; ensuite il décrit minéralogiquement, d'après la méthode des caractères extérieurs, le combustible qui provient de chacune des mines, ou exploitations distinctes. L'auteur y joint la pesanteur spécifique de chacune de ces houilles; il indique l'espèce et la quantité de coke, qu'il a obtenues de chacun de ces combustibles par la carbonisation. Le coke obtenu ayant été brûlé avec soin, l'auteur note la quantité de cendre, qui en est résultée; il la déduit de la quantité de coke obtenue, ce qui lui fait connaître la quantité de charbon contenue dans chaque houille. De ces faits, qui sont exposés dans l'ouvrage au nombre de deux cent cinquante-neuf, l'auteur conclut, pour chacune des houilles de la monarchie prussienne, que ce combustible, par sa composition et par ses effets, c'est-à-dire par les usages auxquels il convient, est analogue à tel ou tel des combustibles pris pour exemple dans les expériences fondamentales dont nous avons déjà rendu compte. Parmi les nombreux résultats de M. Karsten, nous en présenterons seulement quelques-uns, afin de faire saisir l'ensemble et les détails de ses opérations; tel est l'objet du tableau suivant. On y trouve réunis vingt exemples, choisis de manière à indiquer les diverses qualités des houilles que possède la Prusse, à faire saisir l'analogie de ces houilles avec celles d'autres contrées, à faciliter enfin l'application des principes et des procédés de M. Karsten pour l'examen et la comparaison des combustibles minéraux. (*Voyez le Tableau ci-contre.*)

Il est remarquable que, sauf une seule exception, chacune des houilles que fournissent les nombreuses mines de la Prusse offre une certaine analogie de composition avec quelqu'une des houilles qui ont été analysées chimiquement par l'auteur. L'exception qui vient d'être indiquée se rapporte à la houille compacte de Kilkenny, dite *Kennelkohle* d'Angleterre. Il paraît que la Prusse ne possède pas cette variété de combustible minéral; car, aucune des analogies indiquées dans les deux cent cinquante-neuf résultats de carbonisation, que réunit l'ouvrage de M. Karsten, ne renvoie au Numéro correspondant de ses analyses chimiques, N°. IX, qui, dans notre tableau général, page 38, est devenu le N°. X.

L'utilité des recherches auxquelles s'est livré M. Karsten, sur les combustibles en général, ne se bornera pas aux mines de la Prusse, que l'auteur avait principalement en vue; elle s'étendra aux mines de la France; on doit l'espérer en voyant l'activité des ateliers français, et de toutes ces grandes entreprises qui vont leur faciliter les transports. A combien de concessionnaires de mines, à combien de manufacturiers et de grands consommateurs de houille ne sera-t-il pas avantageux, en France, de connaître les résultats de ces recherches, de les méditer, de les appliquer aux produits de nos abondantes exploitations! Un semblable contrôle doit tourner au profit des arts et des sciences tout-à-la-fois; on les verra se prêter un mutuel appui, afin de marcher plus sûrement vers le bien général.

Pour espérer ces heureux effets, il suffit de se rappeler que, des principales mines de la France, qui sont en exploitation dans vingt-trois départemens, on extrait, par année commune, environ 14 millions de quintaux métriques ou hectolitres de houille, sans parler de quelques autres départemens dans lesquels on commence à se livrer avec ardeur, soit à l'exploitation, soit à la recherche des combustibles minéraux.

A cette quantité de houille extraite de son propre sol, la France, en 1824, ajouta par l'importation 4.615.665 quintaux métriques de houille étrangère, tandis que son exportation du même combustible ne fut que de 64.000 quintaux métriques (Voyez les *Etats des Douanes,* imprimés pour l'année 1824.) Ainsi, la consommation de houille s'élève annuellement en France à-peu-près à 19 millions de quintaux métriques.

Sur ce total, une fabrication constatée de 442.000 quintaux métriques de fer affiné à la houille, et traité au laminoir suivant les nouveaux procédés, consomme annuellement 1.060.800 quintaux métriques de ce combustible, sans compter ce qu'exigent les autres opérations des nombreuses forges de la France, ou des autres ateliers métallurgiques, et notamment le service de plusieurs hauts-fourneaux qui sont déjà en activité pour la fusion du minerai de fer par le moyen du coke, tandis que d'autres s'élèvent dans plusieurs départemens. Par-tout, l'usage du précieux combustible se répand de plus en plus: en 1825, la ville de Paris consomma 748.073 quintaux métriques de houille; en 1820, la consommation n'y avait pas excédé 513.797 quintaux métriques. Dans la ville de Lyon, il se consomme annuellement 2 millions de quintaux métriques ou hectolitres de houille. (Voyez le *Rapport à la Chambre de Commerce de Paris*, *sur l'approvisionnement de la Capitale en Charbon de terre. Paris*, *Avril* 1826, *pag.* 2 *et* 18.)

De telles données paraissent propres à faire désirer que l'industrie française profite des intéressantes recherches de M. Karsten sur les combustibles minéraux. L'attention que l'Académie royale des Sciences vient d'accorder à la traduction abrégée de cet ouvrage permet d'espérer qu'il se répandra dans nos ateliers sous des auspices favorables.

FIN.

Imprimerie de Madame HUZARD (née Vallat la Chapelle), rue de l'Éperon, n°. 7. — 1826.

www.ingramcontent.com/pod-product-compliance
Ingram Content Group UK Ltd.
Pitfield, Milton Keynes, MK11 3LW, UK
UKHW020950180726
13838UKWH00003B/1246